Sitzungsberichte
der Akademie der Wissenschaften
der DDR
Mathematik – Naturwissenschaften – Technik

20 N

1981

E. Hofmann/W. Schellenberger/K. Eschrich

Dynamische Selbstorganisation eines Mehrenzymsystems

AKADEMIE-VERLAG · BERLIN

Sitzungsberichte
der Akademie der Wissenschaften
der DDR
Mathematik - Naturwissenschaften - Technik

Jahrgang 1981 · Nr. 20/N

E. Hofmann / W. Schellenberger / K. Eschrich

Dynamische Selbstorganisation eines Mehrenzymsystems

Alternative stationäre Zustände und Hysterese in einem rekonstituierten glykolytischen Enzymsystem

AKADEMIE-VERLAG · BERLIN
1983

Vortrag auf der Sitzung der Klasse Biowissenschaften der Akademie der Wissenschaften der DDR am 18. 9. 1980 von Eberhard Hofmann, Ordentliches Mitglied der Akademie der Wissenschaften der DDR (unter Mitwirkung von Dr. Wolfgang Schellenberger und Dr. Klaus Eschrich, Physiologisch-Chemisches Institut der Karl-Marx-Universität, Leipzig)

Herausgegeben im Auftrage
des Präsidenten der Akademie
der Wissenschaften der DDR
von Vizepräsident Prof. Dr. Heinrich Scheel

ISSN 0138-3956
Erschienen im Akademie-Verlag, DDR-1086 Berlin, Leipziger Str. 3-4

Lizenznummer: 202 · 100/51/83
Gesamtherstellung: VEB Druckhaus Köthen
Bestellnummer: 763 066 7 (2010/82/20/N) · LSV 1315
Printed in GDR
DDR 8,50 M

Inhaltsverzeichnis

1. Einleitung

Das Verständnis der Regulation des zellulären Stoffwechsels wurde bald nach der Entdeckung der wichtigsten Stoffwechselwege als ein zentrales Anliegen biochemischer Untersuchungen erkannt. Eine bedeutsame Stimulierung brachte in der Mitte der sechziger Jahre die Entdeckung ungedämpfter Schwingungen im Energiestoffwechsel von Zellen und Zellextrakten [1, 2]. Von grundlegender Bedeutung für theoretische Überlegungen war die Einsicht, daß ungedämpfte Schwingungen in abgeschlossenen Systemen und in Systemen, die durch die lineare Thermodynamik des Nichtgleichgewichts beschreibbar sind, nicht auftreten können [3, 4]. Einfache Überlegungen zeigten andererseits, daß Oszillationen der Stoffwechselprodukte mit Oszillationen von Enzymaktivitäten verbunden sein müssen. Diese periodischen Veränderungen von Enzymaktivitäten können die Synthese von Enzymen betreffen (epigenetische Oszillationen) oder auch rhythmische Variationen der Enzymaktivitäten durch die Metabolite selbst widerspiegeln (metabolische Oszillationen). Auch ein Zusammenwirken beider Regulationsformen ist möglich.

Oszillatorische Reaktionen des epigenetischen Typs sind im Detail am Beispiel des Lac-Operons bei E. coli untersucht worden [5–10]. Das am intensivsten untersuchte und bestverstandene Beispiel metabolischer Oszillationen sind rhythmische Veränderungen der Glykolyse [1, 2, 11, 12]. Für dieses experimentelle System konnten wichtige Einsichten in den Mechanismus der Schwingungen gewonnen werden [13–35]. Bereits die ersten quantitativen Untersuchungen zu den glykolytischen Oszillationen zeigten, daß die Fähigkeit von Stoffwechselsystemen zu periodischen Schwingungen mit der Nichtlinearität der dynamischen Struktur zusammenhängt. Diese Nichtlinearität resultiert dabei sowohl aus der komplizierten stöchiometrischen Struktur als auch aus Wechselwirkungen, die durch allosterische Enzyme im Stoffwechsel vermittelt werden. Die allosterischen Wechselwirkungen erzeugen eine sekundäre Verknüpfung der verschiedenen Stoffwechselreaktionen.

Bei der Entwicklung theoretischer Vorstellungen zu den ungedämpften Schwingungen des Stoffwechsels wurden zwei deutlich verschiedene Gruppen mathematischer Modelle entwickelt. Wenige Jahre nach der Entdeckung der Schlüsselrolle des Enzyms Phosphofruktokinase im Energiestoffwechsel wurde von SELKOV ein Modell entwickelt, welches als einziges Enzym die Phosphofruktokinase enthält. Dieses Modell und die in den folgenden Jahren entwickelten theoretischen Vorstellungen [16–22] bemühen sich um eine qualitative Beschreibung wichtiger dynamischer Phänomene im Zusammenhang mit dem Auftreten der Oszillationen und verwandter dynamischer Phänomene. Diese Modelle zeichnen sich durch eine einfache mathematische Struktur und durch die Klarheit der gewonnenen Aussagen aus.

Eine Einschränkung ergibt sich aus dem qualitativen Charakter der Modellvorstellungen, der einen direkten Vergleich mit experimentellen Resultaten unmöglich macht. Die große Anzahl auf unterschiedlichen Annahmen beruhender Modelle zeigt zudem eine gewisse Willkür bei ihrer Konstruktion. Eine weitere Schwierigkeit ergibt sich beim Versuch der Einbettung idealisierter „Skelettmodelle" in größere Strukturen. Dabei müssen nicht nur Elemente der Modellstruktur verändert werden; es ergeben sich vielfach auch ganz neuartige dynamische Strukturen. So beruhen erste Vorstellungen zum Mechanismus glykolytischer Oszillationen auf der Substrathemmung des Enzyms Phosphofruktokinase durch ATP oder der Aktivierung dieses Enzyms durch das „sekundäre" Produkt AMP. In der Struktur der Glykolyse wird jedoch das ATP als Substrat der Phosphofruktokinase zum eigentlichen Produkt dieses Stoffwechselwegs. Dabei verändert sich auch die Rolle der Adeninnucleotide in der Dynamik des Gesamtsystems [13, 16].

Ein alternativer Zugang ist die Konstruktion großer Modelle, die die Dynamik der untersuchten Systeme photographisch zu erfassen suchen [23–25]. Die Komplexität der Modelle führt jedoch zu prinzipiellen mathematischen Schwierigkeiten, die sich aus der großen Zahl der Variablen und Differentialgleichungen ergeben. Eine weitere Schwierigkeit resultiert aus dem Versuch, möglichst viele, an einzelnen Enzymen beobachtete, Charakteristika zu berücksichtigen. Dabei müssen oft unter verschiedenen experimentellen Bedingungen erhaltene Resultate ausgewertet und in der Modellstruktur zusammengefügt werden. Zudem bleibt die Interpretation der erhaltenen Resultate Außenstehenden oft unklar.

Beide Typen mathematischer Modellierung führten aber auch zu Ergebnissen, die weit über den ursprünglich untersuchten Gegenstand hinausgehen. Die theoretischen Untersuchungen zeigten, daß die nichtlineare Struktur dieses und anderer Stoffwechselsysteme zu weiteren, für die Dynamik und Regulation des Stoffwechsels wichtigen Erscheinungen führen [26].

Für eine große Anzahl von Modellsystemen wurde die Möglichkeit der Existenz alternativer stationärer Bewegungszustände nachgewiesen. Solche Modellvorstellungen existieren für den Prozeß der Biosynthese von Proteinen, für Evolutionsprozesse, für Anregungsphänomene in Biomembranen sowie für die Beziehung zwischen glykolytischen und glukoneogenetischen Zuständen des Energiestoffwechsels [27–33]. Im Gegensatz zu oszillatorischem Verhalten, das auf nahezu allen Ebenen biologischer Organisation experimentell untersucht worden ist, zeigt sich die Existenz alternativer stationärer Bewegungszustände nur indirekt im hysteretischen Verhalten der untersuchten Systeme. Entsprechend gibt es nur wenige deutliche experimentelle Befunde, die sich hauptsächlich auf das Peroxidase-System beziehen [34]. 1980 sind von GRINWALD et al. Experimente zum Erholungsverhalten des perfundierten Herzmuskels veröffentlicht worden, die im Sinne hysteretischer Übergänge zwischen alternativen stationären Stoffwechselzuständen gedeutet werden können [35].

Aus der Nichtlinearität des dynamischen Verhaltens metabolischer Systeme resultiert auch die Fähigkeit dieser Systeme zur Homöostase wichtiger Stoffwechselleistungen. Auf der zellulären Ebene ist die Homöostase der Energieladung des Adenylatsystems von besonderer Bedeutung. Die Konstanz dieser Größe ist eine wichtige Voraussetzung für die Koordination von Stoffwechselleistungen der Zelle [36]. Diese zentrale Stellung resultiert aus der großen Anzahl von Reaktionen, bei denen die Adeninnucleotide als Energie- und Phosphorylgruppenüberträger wirken.

Die Vielfalt dynamischer Strukturen wird bei räumlich inhomogenen Systemen vergrößert. In diesen treten nichtlineare Wechselwirkungen auf, die durch die Kooperation von chemischen Reaktionen und Diffusionsprozessen vermittelt werden und zur spontanen Bildung räumlich inhomogener stationärer Zustände führen können [2, 3, 37]. Solche Möglichkeiten wurden bereits 1952 von TURING in seiner klassischen Arbeit über die Morphogenese diskutiert [38]. Die Bildung räumlich inhomogener stationärer Zustände kann schon an sehr einfachen Modellsystemen beobachtet werden [2, 3, 4]. Die Möglichkeit ihrer Ausbildung wurde auch an einfachen Modellen des zellulären Energiestoffwechsels untersucht [39]. Die spontane Ausbildung solcher Strukturen für das glykolytische System ist in den vergangenen Jahren von HESS und Mitarbeitern an Hefeextrakten experimentell nachgewiesen worden [14].

In der vorliegenden Arbeit wird das dynamische Verhalten eines aus einer kleinen Anzahl gereinigter glykolytischer Enzyme aufgebauten Reaktionssystems untersucht. Das gewählte experimentelle Vorgehen führt zu einem homogenen Enzymsystem und erlaubt die Untersuchung stöchiometrischer und allosterischer Wechselwirkungen unter offenen Reaktionsbedingungen. Thermodynamisch gesehen ist das System energiedissipierend und entfernt vom thermodynamischen Gleichgewicht.

Zentrales Enzym des von uns untersuchten Systems ist die Phosphofruktokinase. Der Aufbau des Systems aus wenigen gereinigten Enzymen führt im Vergleich mit Experimenten an Zellen und Zellextrakten zu einer wesentlichen Vereinfachung der experimentellen Situation und macht eine quantitative Analyse der Dynamik des Systems, die in dem Auftreten hysteretischer Übergänge zwischen verschiedenen stationären Zuständen, in der Erscheinung von Schalt- und Sprungphänomenen und in der Stabilisierung von Metabolitkonzentrationen zum Ausdruck kommt, möglich. Die mathematische Modellierung gründet sich auf kinetische Untersuchungen der einzelnen Enzyme unter vergleichbaren Reaktionsbedingungen [40–44].

2. Experimentelles Herangehen

2.1. Das Reaktionsnetz

Das stöchiometrische Schema des untersuchten Mehrenzymsystems ist in Abb. 1 dargestellt.

Die Phosphofruktokinase katalysiert die Umwandlung von Fruktose-6-phosphat und ATP zu Fruktose-1,6-bisphosphat und ADP. Dieser Reaktion ist die Isomerisierung der Hexosemonophosphate durch die Glukose-6-phosphat-Isomerase vorgelagert. Die Pyruvatkinase katalysiert die Regeneration des ATP durch Phosphatübertragung von Phosphoenolpyruvat auf ADP. Die Adenylatkinase beschleunigt die Gleichgewichtseinstellung zwischen den Adeninnukleotiden:

$$2\,\mathrm{ADP} \rightleftharpoons \mathrm{ATP} + \mathrm{AMP} \qquad (1)$$

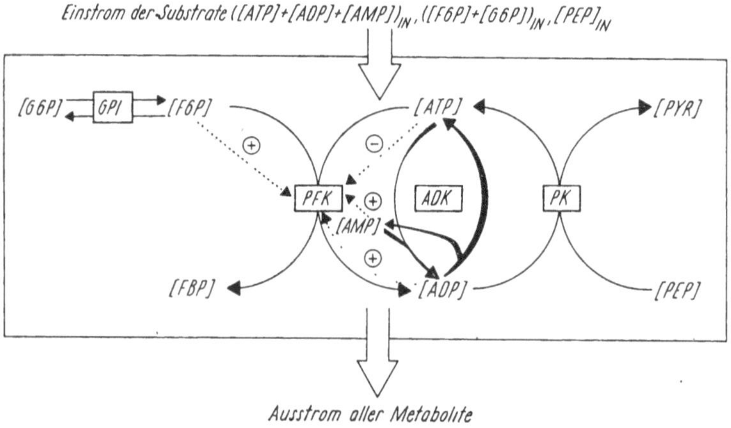

Abb. 1 Reaktionsschema des offenen, rekonstituierten Mehrenzymsystems.
[ ] Substrate, Produkte
□ Enzyme
⇒ Zufluß oder Abfluß von Metaboliten
→ chemische Umsetzungen
--→ allosterische Rückkopplungen

Während der Experimente erfolgt ein kontinuierlicher Einstrom von Substraten in den Reaktionsraum. Ein äquivalenter Ausstrom aller Metabolite verhindert deren Akkumulation. Das Volumen des Reaktionsraums bleibt konstant.

2.2. Die Enzyme

Zentrales Enzym des Reaktionsnetzes ist die Phosphofruktokinase [45]. Die allosterische Kinetik der Phosphofruktokinase, die komplizierte Abhängigkeit der Enzymaktivität von den Konzentrationen der Substrate und Effektoren, ist eine entscheidende Voraussetzung für die regulatorische Funktion dieses Enzyms.

In den vorliegenden Untersuchungen wurde gereinigte Phosphofruktokinase [46] aus Bäckerhefe (Saccharomyces cerevisiae) verwendet. Hefe-Phosphofruktokinase ist ein oktameres Protein mit einem Molekulargewicht von 835000 [45]. Im Gegensatz zu den aus Säugetiergeweben isolierten Phosphofruktokinasen [47–49] zeigt das Hefeenzym kein protein- und effektorabhängiges Assoziations-Dissoziationsverhalten. Hefe-Phosphofruktokinase besteht aus zwei Typen von Untereinheiten (α und β), die sowohl im Molekulargewicht als auch in den immunologischen Eigenschaften voneinander verschieden sind [50, 51]. Jede Untereinheit besitzt zwei Bindungsorte für MgATP, die sich in ihrer Affinität deutlich voneinander unterscheiden [52]. Die Bindung von Fruktose-6-phosphat an die Phosphofruktokinase erfolgt kooperativ. Es wird ein Molekül Fruktose-6-phosphat pro Untereinheit gebunden [53]. AMP beeinflußt die Bindung des Fruktose-6-phosphats an die Phosphofruktokinase nicht [54].

Verglichen mit den Phosphofruktokinasen aus Säugetiergeweben wird die Aktivität des Hefe-Enzyms nur von wenigen allosterischen Effektoren deutlich beeinflußt. Fruktose-6-phosphat aktiviert die Hefe-Phosphofruktokinase kooperativ. ATP ist sowohl Substrat als auch Inhibitor des Enzyms. ADP wirkt schwach, AMP stark aktivierend auf die Enzymaktivität [55]. Die Sigmoidizität der Abhängigkeit der Phosphofruktokinaseaktivität vom Fruktose-6-phosphat wird weder von ATP noch von ADP und AMP beeinflußt. Aus diesem Grunde läßt sich das kinetische Verhalten der Hefe-Phosphofruktokinase nicht durch das Monod-Wyman-Changeux-Modell [56] beschreiben. Eine geeignete Modellerweiterung besteht in der Annahme, daß sich die Grundkonformationen des Enzyms in Subkonformationen aufspalten. Dem kinetischen Modell der Hefe-Phosphofruktokinase [55] liegen folgende Annahmen zugrunde:

- Die Reaktion folgt einem „rapid equilibrium random order“-Mechanismus [57, 58];
- die Untereinheiten des Enzyms sind funktionell äquivalent; jede Untereinheit besitzt einen Bindungsplatz für Fruktose-6-phosphat [53] sowie je einen katalytischen und einen regulatorischen Bindungsplatz für ATP [52];
- jede Untereinheit des Enzyms bindet ein Molekül ADP und ein Molekül AMP jeweils an einen regulatorischen Bindungsplatz; darüber hinaus konkurriert ADP mit ATP um dessen Substratbindungsplatz (kompetitive Hemmung);
- analog zum Monod-Wyman-Changeux-Modell [56] gibt es zwei Grundkonformationen (R und T), die miteinander in einem allosterischen Gleich-

gewicht stehen. Es treten nur symmetrische Konformationszustände auf. Das Substrat Fruktose-6-phosphat bindet sich mit unterschiedlicher Affinität an diese Konformationszustände und induziert so Verschiebungen des allosterischen Gleichgewichts [53];
- die Grundkonformationen R und T entarten zu Subkonformationen R_1, R_2 und T_1, T_2 (Abb. 2);
- ATP wird als Substrat mit gleicher Affinität an alle Konformationszustände gebunden;
- ATP als Inhibitor wird bevorzugt an die R_2 und T_2 Konformationen gebunden; die Aktivatoren ADP und AMP binden sich bevorzugt an die Konformationen R_1 und T_1. Die Adeninnukleotide wirken nicht direkt auf das allosterische Gleichgewicht.

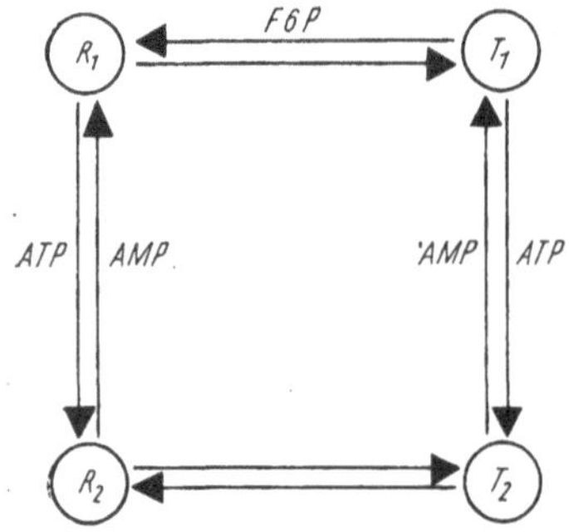

Abb. 2 Allosterisches Modell zur Beschreibung der Kinetik der Hefe-Phosphofruktokinase. Die Grundkonformationen R und T existieren in je zwei Subkonformationen (R_1, R_2 bzw. T_1, T_2). Fruktose-6-phosphat beeinflußt das allosterische R, T-Gleichgewicht; ATP, ADP und AMP verschieben die Subkonformationsgleichgewichte, ohne primär das R, T-Gleichgewicht zu beeinflussen.

In diesem Modell beruht die sigmoidale Kinetik für Fruktose-6-phosphat auf der Verschiebung des allosterischen Gleichgewichts durch dieses Substrat. ATP, ADP und AMP beeinflussen die Enzymaktivität durch Verschiebung des Gleichgewichts zwischen den inaktiven (R_2, T_2) und den aktiven (R_1, T_1) Subkonformationen. Die steady-state-Kinetik wird durch die Gleichungen (2)–(5) beschrieben.

$$v_{\mathrm{PFK}} = V_{\mathrm{PFK}} \cdot \frac{[\mathrm{ATP}]}{([\mathrm{ATP}] + K_{\mathrm{ATP}})} \cdot \frac{[\mathrm{F6P}]}{([\mathrm{F6P}] + K_{\mathrm{F6P}})} \cdot \frac{L}{(1 + L)} \tag{2}$$

$$K_{\mathrm{F6P}} = K_{\mathrm{F6P,S}} \cdot \frac{(1 + [\mathrm{ATP}]/K_{\mathrm{ATP,2}} + [\mathrm{ADP}]/\mathrm{K}_{\mathrm{ADP,2}} + [\mathrm{AMP}]/\mathrm{K}_{\mathrm{AMP,2}})}{(1 + [\mathrm{ADP}]/K_{\mathrm{ADP,1}} + [\mathrm{AMP}]/\mathrm{K}_{\mathrm{AMP,1}})} \tag{3}$$

$$K_{\mathrm{ATP}} = K_{\mathrm{ATP,S}} \cdot (1 + [\mathrm{ADP}]/K_{\mathrm{ADP,C}}) \tag{4}$$

$$L = L_0/(1 + [\mathrm{F6P}]/K_{\mathrm{F6P}})^8. \tag{5}$$

Der Vergleich dieser Gleichungen mit den Ergebnissen einer großen Zahl initialkinetischer Experimente mit der Hefe-Phosphofruktokinase mittels einer nichtlinearen Regressionsanalyse [59] ergab für die gewählten Bedingungen folgende Zahlenwerte für die Modellkonstanten [42]:

$$K_{ATP,S} = 3{,}1 \cdot 10^{-5}\,M,\quad K_{F6P,S} = 2 \cdot 10^{-4}\,M,\; K_{ATP,2} = 2{,}5 \cdot 10^{-4}\,M,$$

$$K_{AMP,1} = 1{,}5 \cdot 10^{-5}\,M,\quad K_{AMP,2} = 2{,}5 \cdot 10^{-5}\,M,\; K_{ADP,1} = 2 \cdot 10^{-4}\,M,$$

$$K_{ADP,2} = 2{,}5 \cdot 10^{-4}\,M,\quad K_{ADP,C} = 2{,}5 \cdot 10^{-4}\,M.$$

Die Abb. 3 zeigt die Abhängigkeit der Phosphofruktokinaseaktivität von den Konzentrationen der Substrate Fruktose-6-phosphat und ATP.

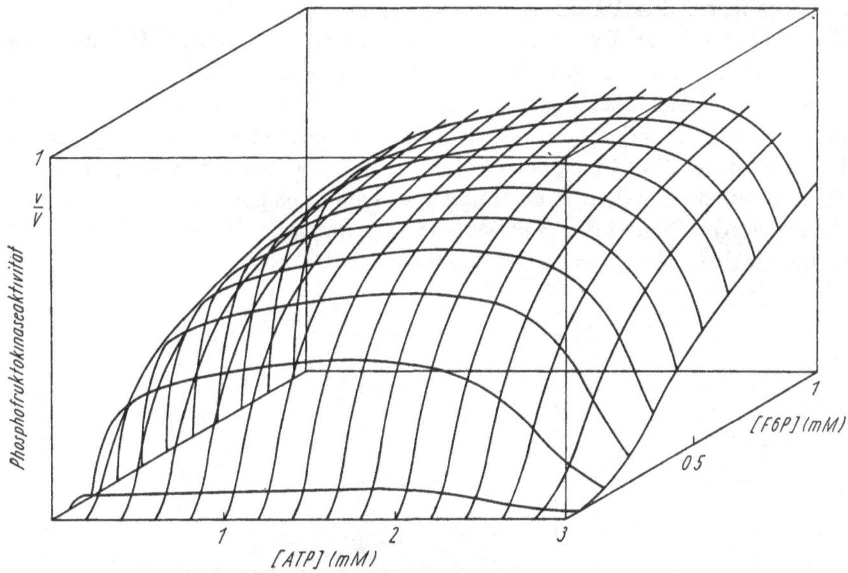

Abb. 3 Dreidimensionale Darstellung der Abhängigkeit der Phosphofruktokinaseaktivität von Fruktose-6-phosphat und ATP. Die Kurven wurden unter der Annahme einer konstanten totalen Konzentration der Adeninnukleotide und der Äquilibrierung der Adeninnukleotide durch die Adenylatkinasereaktion erhalten.

Die Kurven wurden mit Hilfe der Gleichungen (2)–(5) unter den Annahmen einer Äquilibrierung von ATP, ADP und AMP durch die Adenylatkinase und einer konstanten totalen Konzentration der Adeninnukleotide von 3 mM berechnet. Diese Bedingungen entsprechen denjenigen, unter denen die Phosphofruktokinase in dem untersuchten Mehrenzymsystem arbeitet. Die Pyruvatkinase dient der Regeneration des durch die Phosphofruktokinase verbrauchten ATP. In den Experimenten wurde gereinigte Pyruvatkinase aus Kaninchenmuskel eingesetzt. Dieses Enzym hat gegenüber den Pyruvatkinasen anderer Herkunft (z. B. Hefe [60], Leber [61] und Niere [62]) mehrere Vorteile: Es ist sehr stabil und in hoher Reinheit kommerziell verfügbar; es ist kein allosterisches Enzym und weist eine einfache, im wesentlichen nur von den Substraten Phosphoenolpyruvat und ADP abhängige Kinetik auf, die sich durch die Gleichung

$$v_{PK} = V_{PK} \cdot \frac{[ADP] \cdot [PEP]}{(1 + [ADP]/K_{ADP}) \cdot (1 + [PEP]/K_{PEP})} \quad (6)$$

mit $K_{ADP} = 1{,}15 \cdot 10^{-3}$ M; $K_{PEP} = 10^{-4}$ M beschreiben läßt.

In Abb. 4 ist die Abhängigkeit der Pyruvatkinaseaktivität von den Konzentrationen des Phosphoenolpyruvates und der Adeninnukleotide in Gegenwart überschüssiger Adenylatkinase wiedergegeben.

Die Abnahme der Pyruvatkinaseaktivität bei niedrigen ATP-Konzentrationen resultiert aus der Abnahme des Substrates ADP (Abb. 5).

Sowohl die Adenylatkinase als auch die Glukose-6-phosphat-Isomerase wurden in den Experimenten mit dem rekonstituierten Mehrenzymsystem im Überschuß gegenüber Phosphofruktokinase und Pyruvatkinase eingesetzt. Sie führen zu einer schnellen Einstellung von Quasigleichgewichten der Adeninnukleotide (Abb. 5) und der Hexosemonophosphate. Für die Kinetik des untersuchten Reaktionssystems sind deshalb nur die Gleichgewichtskonstanten der

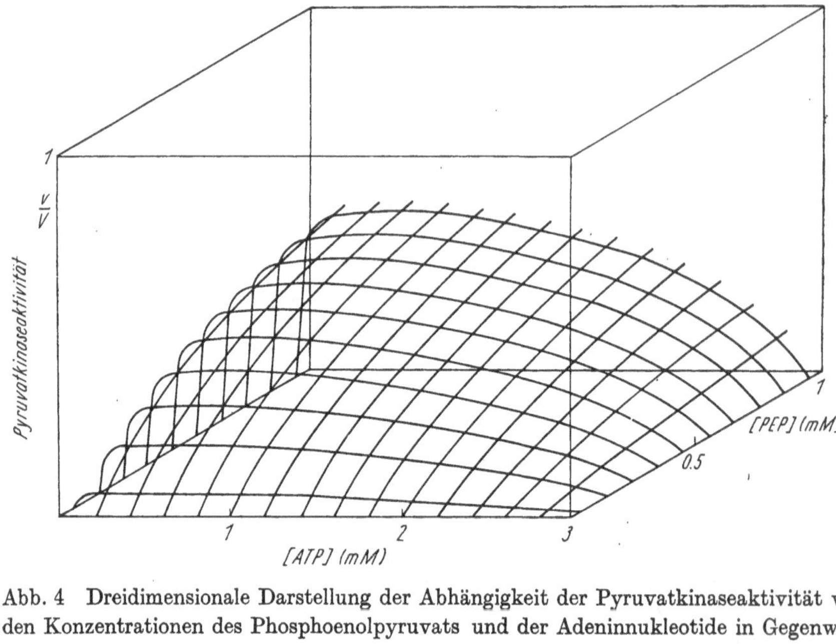

Abb. 4 Dreidimensionale Darstellung der Abhängigkeit der Pyruvatkinaseaktivität von den Konzentrationen des Phosphoenolpyruvats und der Adeninnukleotide in Gegenwart der Adenylatkinase (vgl. mit Abb. 3).

beiden Reaktionen

$$q_{\mathrm{ADK}} = \frac{[\mathrm{ADP}]^2}{[\mathrm{ATP}] \cdot [\mathrm{AMP}]} = 2{,}26 \qquad (7)$$

und

$$q_{\mathrm{GPI}} = \frac{[\mathrm{G6P}]}{[\mathrm{F6P}]} = 3{,}40 \qquad (8)$$

von Bedeutung [63].

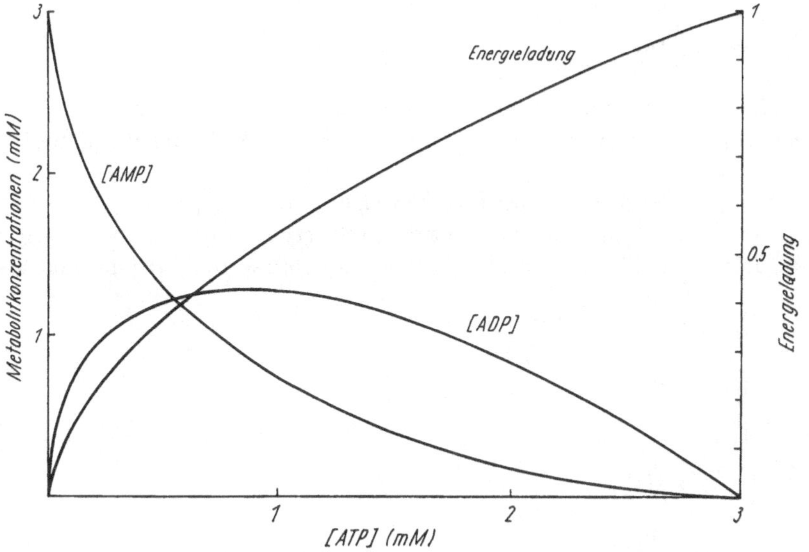

Abb. 5 Energieladung und Verteilung der Adeninnukleotide im Adenylatkinasegleichgewicht für eine Summe der Adeninnukleotidkonzentrationen von 3 mM.

2.3. Immobilisierung von Phosphofruktokinase und Pyruvatkinase

Die Untersuchung des Reaktionsnetzes unter den Bedingungen eines offenen Systems (Zu- und Abfluß von Substanzen über eine längere Zeit) erfordert die Immobilisierung der in definierten Konzentrationen eingesetzten Enzyme Phosphofruktokinase und Pyruvatkinase. Bei der Auswahl einer geeigneten Immobilisierungstechnik war zu berücksichtigen, daß sich freies und immobilisiertes Enzym funktionell nicht unterscheiden dürfen. Auch bei Einsatz immobilisierter Enzyme sollte sich der Reaktionsraum als homogen beschreiben lassen.

Für die Pyruvatkinase erwies sich die Einbettung in 9% Polyacrylamid-

Polyacrylatgel bei gleichzeitiger Quervernetzung mittels Dimethylaminopropylcarbodiimid als geeignet [43]. Die Phosphofruktokinase wurde in 9% Polyacrylamidgel eingeschlossen [42]. Auf die Quervernetzung mußte verzichtet werden, da dies zu einer deutlichen Verringerung der AMP-Aktivierbarkeit der Phosphofruktokinase führte. Als Folge der ausschließlich „physikalischen" Fixierung der Phosphofruktokinase in den Maschen des Polyacrylamidgels wird ein langsames Herausdiffundieren des Enzyms beobachtet. Dieser Prozeß hat eine charakteristische Zeit von etwa 800 Minuten und wurde bei der quantitativen Auswertung der Experimente berücksichtigt.

2.4. Versuchsaufbau

Ein offener, gerührter, thermostatierter Reaktor (Abb. 6) enthält das Reaktionsmedium (Puffer, Ionen, Substrate und Produkte) und die immobilisierten Enzyme.

Durch den Reaktionsraum wird ein Flüssigkeitsstrom gepumpt. Die Influxlösung besteht aus Puffer, Ionen, nichtimmobilisierten Enzymen und den Substraten. Die Effluxlösung enthält die nichtimmobilisierten Enzyme und alle

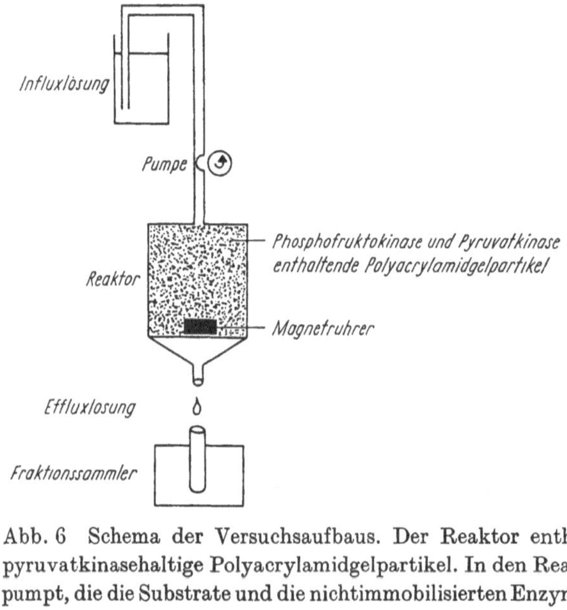

Abb. 6 Schema der Versuchsaufbaus. Der Reaktor enthält phosphofruktokinase- und pyruvatkinasehaltige Polyacrylamidgelpartikel. In den Reaktor wird eine Influxlösung gepumpt, die die Substrate und die nichtimmobilisierten Enzyme Adenylatkinase und Glukose-6-phosphat-Isomerase enthält. Die Effluxlösung, die alle Metabolite entsprechend ihrer aktuellen Konzentrationen im Reaktor enthält, wird fraktioniert gesammelt. Die Metabolitkonzentrationen in diesen Fraktionen werden mittels enzymatischer Verfahren bestimmt.

niedrigmolekularen Substanzen entsprechend ihren aktuellen Konzentrationen im Reaktor. Die Effluxlösung wird in Fraktionen gesammelt. Die Metabolitkonzentrationen in diesen Fraktionen werden mit Hilfe enzymatischer Tests bestimmt. Auf diese Weise wird das dynamische Verhalten des rekonstituierten Mehrenzymsystems experimentell zugänglich. Zur Zeit $t = 0$ enthält der Reaktor die Enzyme und ein Metabolitgemisch, in dem die Summe der Konzentrationen der Hexosemonophosphate, der Adeninnucleotide und von Phosphoennolpyruvat plus Pyruvat gleich den entsprechenden Metabolit-Pools in der Influxlösung sind. Die Metabolit-Pools im Reaktor sind dabei so zusammengesetzt, daß Phosphofruktokinase und Pyruvatkinase inaktiv sind, da mindestens eines ihrer Substrate fehlt. Die Experimente beginnen mit dem Einpumpen der Influxlösung.

2.5. Experimentelle Bedingungen

Die Immobilisierung von Phosphofruktokinase und Pyruvatkinase in Polyacrylamidgel (bei 4 °C) und die Reaktorexperimente (bei 25 °C) wurden in 0,1 M Imidazol/HCl-Puffer pH 6,6 in Gegenwart von 20 mM K_2HPO_4, 20 mM $MgCl_2$, 100 mM KCl und 2,5 mM Mercaptoethanol durchgeführt.

3. Mathematische Modellierung

3.1. Mathematisches Modell des untersuchten Reaktionssystems

In diesem Kapitel wird das zur quantitativen Beschreibung der Kinetik des untersuchten Enzymsystems erarbeitete mathematische Modell dargestellt. Die wichtigsten Voraussetzungen für die Konstruktion dieses Modells sind das dem untersuchten System zugrunde liegende Reaktionsschema (Abb. 1) und Annahmen, die aus dem in Abschnitt 2.4. dargestellten Versuchsaufbau folgen. Die theoretische Analyse geht von steady-state-Geschwindigkeitsgleichungen für die durch die jeweiligen Enzyme katalysierten Reaktionen aus, die sich auf die Resultate von kinetischen Untersuchungen an den gereinigten Enzymen stützen (Abschnitt 2.2.). Die Zustandsvariablen des mathematischen Modells sind die Konzentrationen der Metabolite in dem als homogen angenommenen Reaktionsraum.

Wir nehmen an, daß die Geschwindigkeiten des Einstroms und des Ausstroms eines Metaboliten X proportional zu dessen Konzentrationen in dem als Influxlösung bezeichneten äußeren Reservoir ($[X]_{IN}$) und im Reaktionsraum ($[X]$) sind und erhalten für den Stoffaustausch:

$$v_{\text{Austausch}} = ([X]_{IN} - [X])/\tau_A \tag{9}$$

Die Stärke der Flußprozesse wird dabei durch eine als Austauschzeit bezeichnete charakteristische Zeit ausgedrückt.

$$\tau_A = \frac{\text{Volumen des Reaktionsraumes}}{\text{Pumpgeschwindigkeit}} \tag{10}$$

Die zeitlichen Veränderungen der Metabolitkonzentrationen im Reaktionsraum werden durch gewöhnliche Differentialgleichungen erster Ordnung beschrieben. Diese Bilanzgleichungen berücksichtigen die Austauschprozesse und die Umwandlung der Reaktanten durch die enzymkatalysierten Reaktionen im Reaktionsraum. Entsprechend dem Reaktionsschema (Abb. 1) erhält man acht Differentialgleichungen, die durch die Reaktionsterme der Enzyme nichtlinear und miteinander gekoppelt sind. Bei der Anwendung der steady-state-Reaktionsgleichungen für die Enzyme setzen wir voraus, daß sich die verschiedenen, am katalytischen Prozeß beteiligten Enzymformen in dem interessierenden Zeitbereich in stationären Zuständen befinden [64, 65].

$$\frac{d}{dt}[\text{F6P}] = ([\text{F6P}]_{\text{IN}} - [\text{F6P}])/\tau_A - v_{\text{PFK}} + v_{\text{GPI}} \tag{11}$$

$$\frac{d}{dt}[\text{G6P}] = ([\text{G6P}]_{\text{IN}} - [\text{G6P}])/\tau_A - v_{\text{GPI}} \tag{12}$$

$$\frac{d}{dt}[\text{FBP}] = -[\text{FBP}]/\tau_A + v_{\text{PFK}} \tag{13}$$

$$\frac{d}{dt}[\text{ATP}] = ([\text{ATP}]_{\text{IN}} - [\text{ATP}])/\tau_A - v_{\text{PFK}} + v_{\text{PK}} - v_{\text{AK}} \tag{14}$$

$$\frac{d}{dt}[\text{ADP}] = ([\text{ADP}]_{\text{IN}} - [\text{ADP}])/\tau_A + v_{\text{PFK}} - v_{\text{PK}} + 2\,v_{\text{AK}} \tag{15}$$

$$\frac{d}{dt}[\text{AMP}] = ([\text{AMP}]_{\text{IN}} - [\text{AMP}])/\tau_A - v_{\text{AK}} \tag{16}$$

$$\frac{d}{dt}[\text{PEP}] = ([\text{PEP}]_{\text{IN}} - [\text{PEP}])/\tau_A - v_{\text{PK}} \tag{17}$$

$$\frac{d}{dt}[\text{PYR}] = -[\text{PYR}]/\tau_A + v_{\text{PK}} \tag{18}$$

3.2. Reduktion des Systems

Die Komplexität des Modells kann wesentlich verringert werden, wenn man die stöchiometrische Struktur des Reaktionsnetzes und die dem System innewohnenden Zeithierarchien berücksichtigt. Die Beachtung der stöchiometrischen Struktur erlaubt die Definition von vier Poolvariablen, deren Kinetik durch nicht miteinander gekoppelte lineare Differentialgleichungen beschrieben wird:

$$d([\mathrm{F6P}] + [\mathrm{G6P}] + [\mathrm{FBP}])/dt$$
$$= (([\mathrm{F6P}] + [\mathrm{G6P}])_{\mathrm{IN}} - ([\mathrm{F6P}] + [\mathrm{G6P}] + [\mathrm{FBP}]))/\tau_{\mathrm{A}} \qquad (19)$$

$$\frac{d}{dt}([\mathrm{ATP}] + [\mathrm{ADP}] + [\mathrm{AMP}]) = (([\mathrm{ATP}] + [\mathrm{ADP}] + [\mathrm{AMP}])_{\mathrm{IN}}$$
$$- ([\mathrm{ATP}] + [\mathrm{ADP}] + [\mathrm{AMP}]))/\tau_{\mathrm{A}} \qquad (20)$$

$$\frac{d}{dt}([\mathrm{PEP}] + [\mathrm{PYR}]) = ([\mathrm{PEP}]_{\mathrm{IN}} - ([\mathrm{PEP}] + [\mathrm{PYR}]))/\tau_{\mathrm{A}} \qquad (21)$$

$$\frac{d}{dt}(2\,[\mathrm{ATP}] + [\mathrm{ADP}] + [\mathrm{PEP}] + [\mathrm{FBP}])$$
$$= ((2\,[\mathrm{ATP}] + [\mathrm{ADP}] + [\mathrm{PEP}])_{\mathrm{IN}} - (2\,[\mathrm{ATP}] + [\mathrm{ADP}] + [\mathrm{PEP}]$$
$$+ [\mathrm{FBP}]))/\tau_{\mathrm{A}} \qquad (22)$$

Diese Variablen bewegen sich exponentiell zu stationären Werten, die den Konzentrationen der entsprechenden Größen in der Influxlösung entsprechen. Die Geschwindigkeit dieser Bewegung hängt nur von den Flußprozessen ab und kann durch die Austauschzeit charakterisiert werden. Wenn die durch die Gleichungen (19)–(22) beschriebenen Variablen ihre stationären Werte erreicht haben, können diese Differentialgleichungen durch algebraische Erhaltungsgleichungen ersetzt werden. Eine weitere Vereinfachung erhält man, wenn die Maximalaktivitäten der Enzyme Adenylatkinase und Glukose-6-phosphat-Isomerase groß sind im Vergleich zu den Maximalaktivitäten der Enzyme Phosphofruktokinase und Pyruvatkinase. Die hohen Aktivitäten von Adenylatkinase und Glukose-6-phosphat-Isomerase erzwingen Quasigleichgewichte zwischen den durch diese Reaktionen verknüpften Metaboliten.

Dabei werden zwei Zeitebenen des Systems erzeugt:
a) die sehr schnellen Bewegungen der Adeninnukleotide und der Hexosemonophosphate zu den entsprechenden Gleichgewichten. In dieser Zeitebene bleiben die Energieladung des Adenylatsystems und die Konzentration der Hexosemonophosphate unverändert;
b) die „metabolische“ Zeitebene, während der sich die Konzentrationen der Hexosemonophosphate und die Energieladung selbst ändern.

Bei der mathematischen Behandlung kann man die Ergebnisse von Tichonov nutzen [65–67]. Die Kinetik der Hexosemonophosphate in der metabolischen Zeitebene wird dann durch eine nichtlineare Differentialgleichung (23) und eine algebraische Relation [8] ausgedrückt:

$$d([\mathrm{F6P}] + [\mathrm{G6P}])/dt = (([\mathrm{F6P}] + [\mathrm{G6P}])_{\mathrm{IN}} - ([\mathrm{F6P}]$$
$$+ [\mathrm{G6P}]))/\tau_{\mathrm{A}} - v_{\mathrm{PFK}} \qquad (23)$$

Die Kinetik des Adenylatsystems wird durch eine nichtlineare Gleichung:

$$d(2[\mathrm{ATP}] + [\mathrm{ADP}])/dt = ((2[\mathrm{ATP}] + [\mathrm{ADP}])_{\mathrm{IN}} - (2[\mathrm{ATP}] + [\mathrm{ADP}]))/\tau_{\mathrm{A}} - v_{\mathrm{PFK}} + v_{\mathrm{PK}} \quad (24)$$

und die Gleichgewichtsbedingung für die Adenylatkinasereaktion [7] beschrieben.

Die Variable (2[ATP] + [ADP]) steht in einfacher Beziehung zu der Energieladung des Adenylatsystems [36].

$$\text{Energieladung} = \frac{2[\mathrm{ATP}] + [\mathrm{ADP}]}{2([\mathrm{ATP}] + [\mathrm{ADP}] + [\mathrm{AMP}])} \quad (25)$$

Die Dynamik des gesamten Systems wird so durch nur zwei nichtlineare Differentialgleichungen bestimmt. Alle anderen Variablen können durch die linearen Differentialgleichungen (19)–(22) oder die ihnen entsprechenden Erhaltungsgleichungen und durch die Gleichgewichtsbedingungen [7] und [8] erhalten werden. Die erzielte Vereinfachung drückt sich darin aus, daß die Differentialgleichungen die steady-state-Geschwindigkeitsgleichungen der Enzyme Adenylatkinase und Glukose-6-phosphat-Isomerase nicht mehr enthalten. Das reduzierte Modell enthält sechs Variable, von denen aber nur zwei zu einer nichtlinearen Dynamik beitragen. Für die Untersuchung von Systemen, die durch zwei nichtlineare Differentialgleichungen beschrieben werden können, gibt es eine gut entwickelte mathematische Theorie [68–72].

Die Parameter des Modells: V_{PFK}, V_{PK}, τ_{A}, $([\mathrm{F6P}] + [\mathrm{G6P}])_{\mathrm{IN}}$, $[\mathrm{PEP}]_{\mathrm{IN}}$, $(2[\mathrm{ATP}] + [\mathrm{ADP}])_{\mathrm{IN}}$ und $([\mathrm{AMP}] + [\mathrm{ADP}] + [\mathrm{AMP}])_{\mathrm{IN}}$ sind unabhängige, experimentell variierbare Größen und werden als Kontrollparameter bezeichnet. Der Zustand des Systems kann durch die Messung von nur drei repräsentativen Metabolitkonzentrationen eindeutig bestimmt werden. Aus den Konzentrationen dieser Metabolite können die anderen Reaktanten und die Geschwindigkeiten der Enzyme Phosphofruktokinase und Pyruvatkinase berechnet werden. Die Reaktionsgeschwindigkeiten dieser Enzyme können im Gegensatz zu den Konzentrationen der Metabolite nicht unmittelbar experimentell bestimmt werden. Ihre Berechnung in Übergangszuständen erfordert die Anwendung der steady-state-Geschwindigkeitsgleichungen (Gleichungen (2)–(6)), während man die Aktivität der Enzyme in stationären Zuständen auch unmittelbar aus den Metabolitkonzentrationen (Gleichungen (13) und (18)) errechnen kann.

3.3. Zeitabhängige Lösungen

Die Bewegungen des durch die Differentialgleichungen (19)–(24) beschriebenen Reaktionssystems erhält man durch Integration der Differentialgleichungen. Die Bewegung kann durch eine Darstellung repräsentativer Metabolitkonzentrationen in Abhängigkeit von der Zeit veranschaulicht werden. In dem durch die Metabolitkonzentrationen gebildeten Phasenraum (eine Achse für jeden der Metabolite) erhält man eine Kurve, die durch die nacheinander von dem System eingenommenen Zustände gebildet und als Trajektorie bezeichnet wird.

Da die Reaktionsgeschwindigkeiten der Enzyme und die den Stoffaustausch charakterisierenden Ausdrücke begrenzte und differenzierbare Funktionen der Variablen und der Kontrollparameter sind, führt durch jeden Punkt des Phasenraumes genau eine Trajektorie des Systems. Durch die Wahl initialer Metabolitkonzentrationen ist eine der Trajektorien ausgezeichnet. Die Bewegung des Systems auf dieser Trajektorie ist dann streng determiniert und kann durch numerische Integration bestimmt werden. Diese Überlegungen berücksichtigen nicht mögliche Fluktuationen des Systems. Fluktuationen der Variablen entsprechen einem nicht determinierten Übergang zwischen benachbarten Trajektorien, Fluktuationen der Kontrollparameter den Übergängen zwischen benachbarten Phasenräumen. Die exakte Berücksichtigung von Fluktuationen des Systems erfordert eine Beschreibung durch MARKOV-Prozesse [2, 73]. In dieser Arbeit werden nur experimentell induzierte Veränderungen der Kontrollparameter untersucht und als Übergänge zwischen verschiedenen Phasenräumen behandelt.

3.4. *Stationäre Bewegungszustände*

Die stationären Lösungen des Reaktionsmodells gewinnt man, indem man die rechten Seiten der Differentialgleichungen gleich Null setzt. Dabei erhält man aus den Gleichungen (23) und (24) zwei gekoppelte nichtlineare algebraische Gleichungen, die numerisch gelöst werden müssen. Entsprechend der Nichtlinearität dieser Gleichungen können neben eindeutigen Lösungen auch mehrfache reelle und positive Lösungen auftreten. Dann gehören zu einem Satz von Kontrollparametern alternative stationäre Bewegungszustände. Die stationären Zustände sind von den Kontrollparametern abhängig. Diese Abhängigkeiten werden durch Kontrollkurven (Kontrollcharakteristiken, steady-state-Kurven) darstellt.

3.4.1. Graphische Darstellung der Konstruktion von Kontrollkurven

Ausgangspunkt ist die durch Gleichung (25) beschriebene Energieladung des Adenylatsystems. Quasistationäre Zustände in bezug auf diese Variable sind durch die Gleichheit der Geschwindigkeiten des ATP-Verbrauchs durch die Phosphofruktokinase (v_{PFK}) und der zur ATP-Erzeugung beitragenden Prozesse ($v_{PK} + ((2\,[ATP] + [ADP])_{IN} - (2\,[ATP] + [ADP]))/\tau_A$) gekennzeichnet. In der Abb. 7A sind diese Geschwindigkeiten in Abhängigkeit von der

ATP-Konzentration für einen ausgewählten Satz von Kontrollparametern aufgetragen.

Die Kurven für die Reaktionsgeschwindigkeit der Phosphofruktokinase enthalten die Konzentration des Substrats Fruktose-6-phosphat als Scharparameter, bei der Berechnung von v_{PK} wurde Stationarität in bezug auf das Substrat Phosphoenolpyruvat vorausgesetzt (Gleichung (17)). Die quasistationären Zustände in bezug auf die Energieladung erhält man als Schnittpunkte dieser Kurven. In Abb. 7B ist in die Phasenebene die aus diesen Schnittpunkten konstruierte Isokline eingezeichnet. Diese Kurve enthält zu den gewählten Kontrollparametern alle Bewegungszustände zu $d(2[ATP] + [ADP])/dt = 0$.

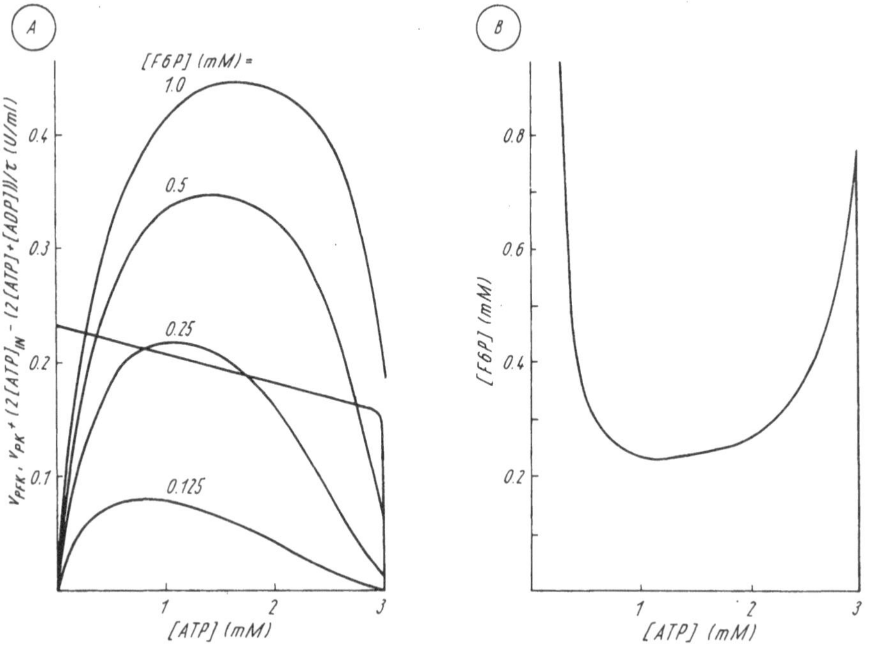

Abb. 7A) Graphische Ermittlung der quasistationären Zustände in bezug auf die Energieladung (Gleichung (24)). In Abhängigkeit von der ATP-Konzentration (unter der Annahme einer Äquilibrierung der Adeninnukleotide durch die Adenylatkinase) sind dargestellt: a) die Geschwindigkeit des ATP-Verbrauchs durch die Phosphofruktokinase (v_{PFK}) für [F6P] = 0,125, 0,25, 0,5, 1 mM und b) die Geschwindigkeit der ATP-Erzeugung durch Rephosphorylierung von ADP und Stoffaustausch ($v_{PK} + (2[ATP]_{IN} - (2[ATP] + [ADP])/\tau_A$). Bei der Berechnung von v_{PK} wurde Stationarität in bezug auf das Phosphoenolpyruvat vorausgesetzt. Die Schnittpunkte dieser Kurven repräsentieren quasistationäre Zustände bezüglich Gleichung (24).

Abb. 7B) Isokline zu $d(2[ATP] + [ADP])/dt = 0$. Die Kurve ergibt sich als Projektion der Schnittpunkte aus A). Kontrollparameter: $V_{PFK} = 0{,}75$ U/ml, $V_{PK} = 6{,}5$ U/ml, $\tau_A = 40$ min, $[PEP]_{IN} = 6{,}4$ mM, $[ATP]_{IN} = 3$ mM

Die zu diesen quasistationären Zuständen gehörenden Reaktionsgeschwindigkeiten der Phosphofruktokinase und der Pyruvatkinase sind in Abb. 9A in Abhängigkeit von der ATP-Konzentration dargestellt. Aus der Forderung nach Stationarität in bezug auf die Hexosemonophosphate erhält man die diesen Zuständen zugeordneten Influxkonzentrationen der Hexosemonophosphate:

$$([\mathrm{F6P}] + [\mathrm{G6P}])_{\mathrm{IN}} = (1 + q_{\mathrm{GPI}}) \cdot [\mathrm{F6P}] + \tau_{\mathrm{A}} \cdot v_{\mathrm{PFK}}. \tag{26}$$

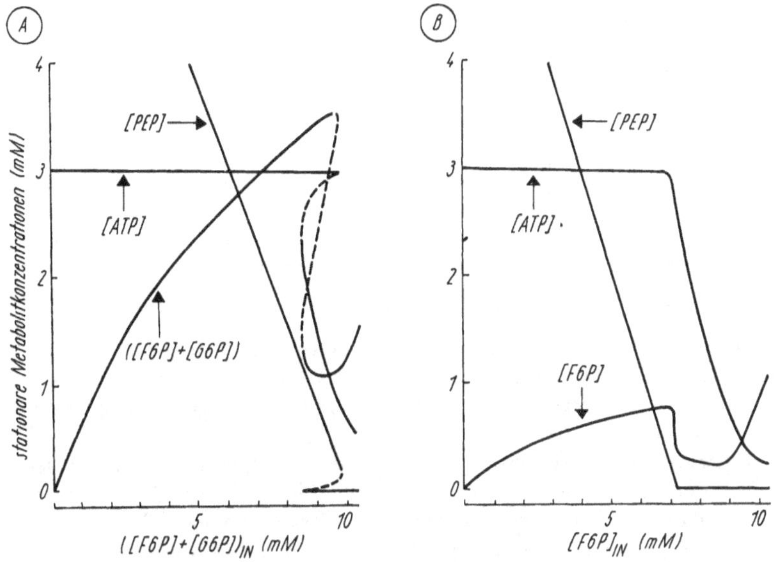

Abb. 8A) Kontrollcharakteristik des Vierenzymsystems. Die stationären Metabolitkonzentrationen sind in Abhängigkeit von der Influxkonzentration der Hexosemonophosphate dargestellt. Die den in der Abb. 7B) dargestellten quasistationären Zuständen zugeordnete Influxkonzentration der Hexosemonophosphate erhält man aus Gleichung (26)
Abb. 8B) Kontrollcharakteristik eines aus Phosphofruktokinase, Pyruvatkinase und Adenylatkinase bestehenden Reaktionssystems. Die quasistationären Zustände zu $d(2[\mathrm{ATP}] + [\mathrm{ADP}])/dt = 0$ (Abb. 1B) werden durch das Fehlen der Glukose-6-phosphat-Isomerase nicht beeinflußt. Die Influxkonzentration von Fruktose-6-phosphat ergibt sich zu:

$$[\mathrm{F6P}]_{\mathrm{IN}} = [\mathrm{F6P}] + \tau_{\mathrm{A}} \cdot v_{\mathrm{PFK}}$$

Der Vergleich von (A) und (B) zeigt den Einfluß der Glukose-6-phosphat-Isomerase auf die Dynamik des Systems. Im Gegensatz zu den in (A) dargestellten Kurven tritt in Abwesenheit dieses Enzyms keine Multistabilität auf. Kontrollparameter: $V_{\mathrm{PFK}} = 0{,}75$ U/ml, $V_{\mathrm{PK}} = 6{,}5$ U/ml, $\tau_{\mathrm{A}} = 40$ Minuten, $[\mathrm{ATP}]_{\mathrm{IN}} = 3$ mM, $[\mathrm{PEP}]_{\mathrm{IN}} = 6{,}4$ mM

Mit dieser Zuordnung können aus den in Abb. 7B, 9A dargestellten quasistationären Zuständen die in den Abb. 8 und 9B dargestellten Kontrollkurven konstruiert werden.

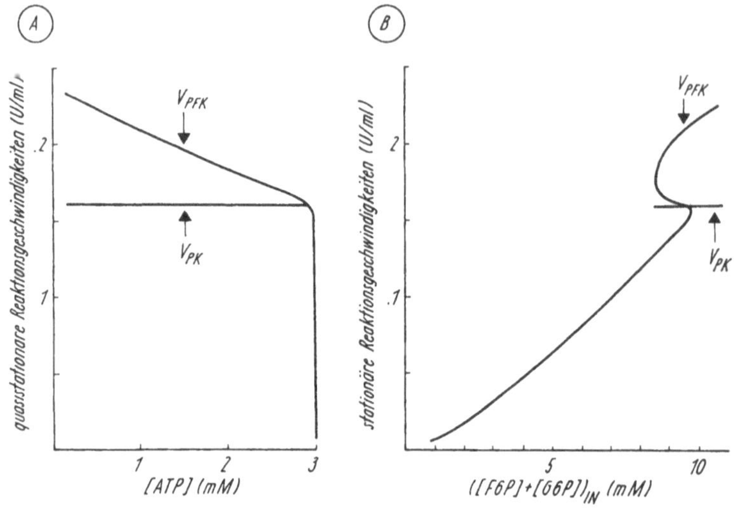

Abb. 9A) Quasistationäre Reaktionsgeschwindigkeiten der Phosphofruktokinase und der Pyruvatkinase (v_{PFK}, v_{PK}) in Abhängigkeit von [ATP]. Die Kurven ergeben sich als Projektion aus Abb. 7A) und repräsentieren quasistationäre Reaktionsgeschwindigkeiten zu $d(2[ATP] + [ADP])/dt = 0$

Abb. 9B) Stationäre Reaktionsgeschwindigkeiten v_{PFK} und v_{PK} in Abhängigkeit von der Influxkonzentration der Hexosemonophosphate. Die Zuordnung der quasistationären Reaktionsgeschwindigkeiten zu Influxkonzentrationen der Hexosemonophosphate entspricht Abb. 8A) (Gleichung (26)). Die Kontrollparameter sind mit denen in Abb. 8 identisch.

3.4.2. Eigenschaften stationärer Zustände in dem untersuchten Reaktionsmodell

Die gewonnenen stationären Bewegungszustände können dynamisch stabil oder instabil sein. Eine stationäre Lösung ist asymptotisch stabil, wenn das System nach einer Störung wieder in den stationären Zustand zurückkehrt. Wenn diese Eigenschaft in bezug auf alle möglichen Störungen gilt, bezeichnet man den stationären Bewegungszustand als global stabil. Stationäre Bewegungszustände, in die das System nach kleinen Störungen nicht zurückkehrt, nennt man dynamisch instabil.

Die genaue Definition und Analyse der Stabilität dynamischer Systeme beruht auf Ergebnissen von A. M. Lyapunov. Darstellungen der mit den Stabilitätseigenschaften dynamischer Systeme verbundenen Probleme finden sich in [74, 75].

In unserer Arbeit wird die Stabilität der stationären Bewegungszustände durch eine Analyse der Eigenwerte der an dem betreffenden stationären Punkt linearisierten Differentialgleichungen bestimmt [75, 76]. Die Untersuchung kann dabei auf die Gleichungen (23) und (24) beschränkt werden, weil die linearen Differentialgleichungen (19)-(22) stabile Anteile der stationären Bewegung repräsentieren. Dabei können sich in Abhängigkeit von den Kontrollparametern die Stabilitätseigenschaften der stationären Lösungen qualitativ verändern (strukturelle Instabilität). Die entsprechenden Kontrollparameter stellen die Bifurkationspunkte des Systems dar [3, 77].

In dem untersuchten System können zwei Typen von Bifurkationen auftreten:

a) Übergang eindeutig stabiler (globale Stabilität) in eindeutige instabile stationäre Bewegungszustände (Hopf-Bifurkation [78]). Die Existenz eindeutiger instabiler stationärer Zustände ist mit dem Auftreten periodischer Lösungen der Differentialgleichungen (23, 24) verbunden. In der durch die Variablen ([F6P] +.[G6P]) und (2 [ATP] + [ADP]) gebildeten Phasenebene bewegen sich die Trajektorien auf eine geschlossene Kurve zu, die als Grenzzyklus bezeichnet wird. Diesem Bewegungstyp entspricht das Auftreten ungedämpfter Oszillationen der Metabolitkonzentrationen und der Enzymaktivitäten. Die analytische Untersuchung zeigt aber, daß in dem untersuchten Reaktionssystem nur in einem kleinen Bereich von Kontrollparametern Grenzzyklusverhalten erwartet werden kann.

b) Übergang eindeutiger, global stabiler Zustände in mehrfache stationäre Zustände. Das Auftreten multipler stationärer Zustände kann an den in den Abb. 8A, 10A, 11, 16 dargestellten Kontrollcharakteristiken veranschaulicht werden.

Dabei sind die stationären Konzentrationen der Hexosemonophosphate sowie von ATP und von Phosphoenolpyruvat in Abhängigkeit von der Konzentration der Hexosemonophosphate in der Influxlösung dargestellt. Für Influxkonzentrationen der Hexosemonophosphate zwischen 8,2 mM und 9,7 mM können für jede der dargestellten Variablen drei Äste der steady-state-Kurven unterschieden werden. Die äußeren Kurvenabschnitte gehören zu lokal stabilen stationären Bewegungszuständen, die die mittleren Kurvenabschnitte bildenden stationären Zustände sind dynamisch instabil.

Die alternativen stabilen Zustände unterscheiden sich deutlich in den Konzentrationen der energiereichen Metabolite Phosphoenolpyruvat und ATP. Sie werden als energiereicher (S_H) und als energiearmer stationärer Zustand (S_L), bezeichnet. Wenn diese Kurvenäste durch Äste voneinander getrennt sind, die zu instabilen Zuständen (S_U) gehören, kann man diese Charakterisierung auch auf die zu den jeweiligen Ästen der steady-state -Kurven gehörenden eindeutigen stabilen Zustände ausdehnen.

In der Abb. 10B ist zu einem Satz von Kontrollparametern im Bereich des Auftretens alternativer stabiler Bewegungszustände ein Phasendiagramm dar-

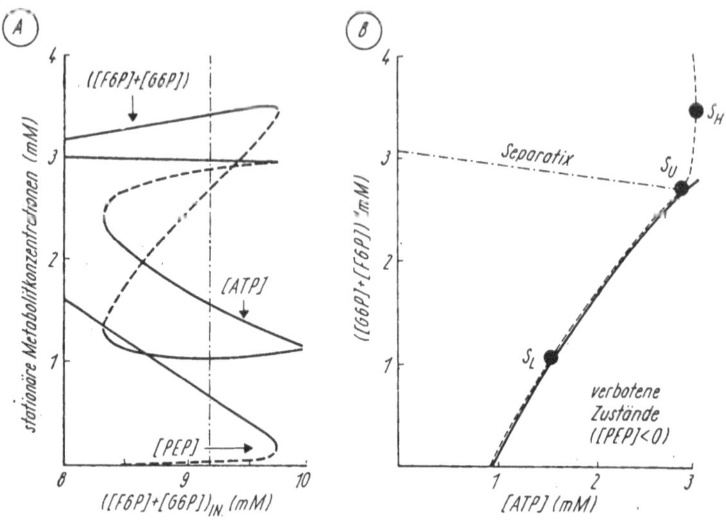

Abb. 10A) Erläuterung der Kontrollkurven. Die stationären Konzentrationen der ATP, des Phosphoenolpyruvats und der Hexosemonophosphate sind in Abhängigkeit von der Influxkonzentration der Hexosemonophosphate dargestellt. Im Bereich 8,2 mM $\leq$ ([F6P] + [G6P])$_{IN}$ $\leq$ 9,7 mM treten alternative stationäre Zustände auf. In diesem Parameterbereich können für jeden der dargestellten Metaboliten drei Kurvenäste unterschieden werden. Die äußeren Kurvenäste bilden die stabilen stationären Zustände (S_H und S_L), während die mittleren Kurvenabschnitte zu instabilen stationären Zuständen vom Sattelpunkt-Typ (S_U) gehören.

Abb. 10B) Darstellung der Phasenebene des Reaktionsmodells. Die Darstellung setzt Stationarität der Poolvariablen (Gleichungen (19)–(22)) voraus. Dadurch wird die Phasenebene begrenzt und den Punkten der Ebene eine aus der Forderung nach Stationarität bezüglich der übertragbaren Phosphatgruppen errechnete Konzentration von Phosphoenolpyruvat (Gleichung (27)) zugeordnet. S_H, S_L und S_U sind die stationären Bewegungszustände. Die zu den stabilen stationären Zustände S_H und S_L führenden Trajektorien werden durch eine Kurve (Separatix) voneinander getrennt, die den instabilen stationären Punkt S_U kreuzt. Die unterbrochene Kurve ist die Isokline zu $d[\mathrm{PEP}]/dt = 0$. Kontrollparameter: $V_{\mathrm{PFK}} = 0{,}75$ U/ml, $V_{\mathrm{PK}} = 6{,}5$ U/ml, $\tau_A = 40$ Minuten, $[\mathrm{ATP}]_{\mathrm{IN}} = 3$ mM, $[\mathrm{PEP}]_{\mathrm{IN}} = 6{,}4$ mM, $([\mathrm{F6P}] + [\mathrm{G6P}])_{\mathrm{IN}} = 9{,}2$ mM.

gestellt. Dabei sind die Konzentrationen der Hexosemonophosphate und des ATP aufgetragen. Aus der Forderung nach Stationarität in bezug auf die durch die Gleichungen (19)–(22) charakterisierten Poolvariablen erhält man die Konzentrationen der anderen Metabolite. Die den Punkten der Phasenebene zugeordneten Konzentrationen von Fruktose-1,6-bisphosphat, ADP und ATP können aus den Gleichungen (7) und (8) berechnet werden. Aus der die Kinetik der übertragbaren Phosphatgruppen beschreibenden Gleichung (22) folgt:

$$(\mathrm{PEP}) = (2[\mathrm{ATP}] + [\mathrm{ADP}] + [\mathrm{PEP}] - ([\mathrm{F6P}] + [\mathrm{G6P}]))_{\mathrm{IN}} - (2[\mathrm{ATP}] + [\mathrm{ADP}]) + ([\mathrm{F6P}] + [\mathrm{G6P}]) \quad (27)$$

Die Beschränkung auf positive Konzentrationen der Metabolite führt zu einer Begrenzung der Phasenebene. In der Abbildung 10B sind die drei alternativen stationären Bewegungszustände S_H, S_U und S_L durch eine der Isoklinen (d[PEP]/dt = 0) miteinander verbunden. Die stabilen stationären Zustände sind Attraktoren des Systems. Alle Trajektorien führen zu einem der beiden stabilen stationären Bewegungszustände. Dadurch werden in der Phasenebene zwei Einzugsbereiche definiert, die durch eine kritische Kurve, die man als Separatix bezeichnet, voneinander getrennt sind. Diese Kurve kreuzt den instabilen Sattelpunkt S_U. Befindet sich das System in einem der beiden Attraktionsbereiche, so kann es nur durch eine Störung der Kontrollparameter in die Einflußzone des alternativen stabilen Attraktors gelangen.

Mit der Existenz alternativer stabiler Bewegungszustände sind zwei wichtige Eigenschaften des Systems verbunden:

1. Stetige Veränderungen eines der Kontrollparameter führen zu stetigen Veränderungen des stationären Zustandes ($S_H \rightarrow S_H$ oder $S_L \rightarrow S_L$), bis ein kritischer Punkt überschritten wird, an dem die jeweiligen Äste der Kontrollkurven verschwinden (Abb. 10A). Es kommt dann zu einer sprunghaften Veränderung des stationären Regimes ($S_H \rightarrow S_L$ oder $S_L \rightarrow S_H$). Der hysteretische Charakter dieser qualitativen Veränderungen des stationären Bewegungszustands spiegelt sich in den Kontrollkurven wider. Ein Rücksprung ist nur dann möglich, wenn ein alternativer Bifurkationspunkt erreicht wird.
2. Bifurkationspunkte können auch überschritten werden, wenn einer der Kontrollparameter im Sinne einer Störung kurzzeitig verändert wird. Die dabei auftretenden Übergänge zwischen alternativen stabilen stationären Bewegungszuständen werden als „Trigger-Verhalten" bezeichnet.

Da der hysteretische Charakter der Zustandsänderungen im Bereich des Auftretens alternativer stabiler stationärer Zustände unmittelbar durch die Kontrollcharakteristiken des Systems widerspiegelt wird, werden diese Kurven als hysteretisch bezeichnet (Z-Hysterese). Das Auftreten von Bifurkationen und von qualitativ verschiedenen stationären Bewegungsformen kann durch die in den Abb. 17, 22 und 26 dargestellten Parameterdiagramme veranschaulicht werden. Dabei sind in Abhängigkeit von zwei ausgewählten Kontrollparametern die Grenzen des Bereichs des Auftretens alternativer stabiler Bewegungszustände oder andere qualitative Charakteristika der stationären Zustände aufgetragen.

3.5. Homöostase der stationären Energieladung

In diesem Abschnitt soll die Abhängigkeit der stationären Metabolitkonzentrationen von den experimentellen Parametern behandelt werden. Dabei definieren wir „Homöostase" als die „Fähigkeit des Systems zur Aufrechterhaltung eines bestimmten Niveaus einer der Variablen des Systems bei

Veränderungen der Kontrollparameter" und beschränken die folgenden Überlegungen auf die Stabilisierung der Energieladung des Adenylatsystems [36]. Die große Bedeutung der Erhaltung einer konstanten Energieladung des Adenylatsystems beruht auf der zentralen Stellung des Adenylatsystems im zellulären Energiestoffwechsel.

Die Stabilisierung der stationären Energieladung (oder der ATP-Konzentration) in einfachen offenen Reaktionsmodellen wurde von SELKOV untersucht [13-15, 20-22]. Dabei konnte gezeigt werden, daß die ATP-Homöostase eine sehr elementare Eigenschaft metabolischer Systeme ist, die wesentlich auf der stöchiometrischen Verknüpfung von Reaktionen beruht. Im Anhang II ist ein sehr einfaches Reaktionsmodell dargestellt, anhand dessen wesentliche Eigenschaften homöostatischer Systeme diskutiert werden können.

Die elementaren stöchiometrischen Mechanismen zur Stabilisierung der stationären Energieladung versagen, wenn die untersuchten Systeme energieabhängige zyklische Reaktionsketten („futile cycles" [79]) enthalten [13-15]. Im Stoffwechsel der Glukose tritt eine solche Situation bei der Kooperation der Enzyme Phosphofruktokinase und Fruktose-1,6-bisphosphatase, in dem untersuchten Vierenzymsystem durch die Wechselwirkung von Phosphofruktokinase und Pyruvatkinase auf. In solchen Reaktionsmodellen ist die Stabilisierung der Energieladung wesentlich von einer kinetischen Organisation der antagonistischen Reaktionen durch allosterische Wechselwirkungen abhängig, wobei auch neuartige dynamische Strukturen entstehen können.

Im Gegensatz zu der großen Anzahl theoretischer Untersuchungen gibt es nur wenige experimentelle Untersuchungen zur Stabilisierung der Energieladung [80-85]. Die Komplexität der untersuchten Syszeme erschwert dabei das Verständnis der der ATP-Homöostase zugrunde liegenden Mechanismen.

In dem in dieser Arbeit untersuchten Reaktionssystem tritt eine Stabilisierung der stationären Energieladung auf. Die energiereichen stationären Zustände S_H sind durch eine sehr hohe und nahezu konstante Energieladung ausgezeichnet. Die Energieladung der stabilen energiearmen Stationärzustände S_L hängt hingegen sensitiv und monoton von den Kontrollparametern des Systems ab. In der Abb. 11 sind Kontrollkurven für die stationäre Energieladung in Abhängigkeit von der Austauschzeit τ_A dargestellt.

Für kleine Maximalaktivitäten der Pyruvatkinase erhält man eindeutige stationäre Zustände, deren Energieladung stark von der Austauschzeit τ_A (und von V_{PK}) abhängt. Die Vergrößerung von V_{PK} führt zum Auftreten alternativer stationärer Zustände und damit zum Auftreten der energiestabilisierten stationären Zustände S_H. Durch weitere Vergrößerungen der Maximalaktivität der Pyruvatkinase wird der Bereich, in dem alternative stabile stationäre Zustände auftreten, erweitert und die Qualität der ATP-Homöostase verbessert. Die Bifurkationspunkte entsprechen kritischen Belastungsparametern, bei denen die Energiestabilisierung zusammenbricht und ein hysteretischer Übergang zu energiearmen stationären Zuständen (S_L) erfolgt. Je

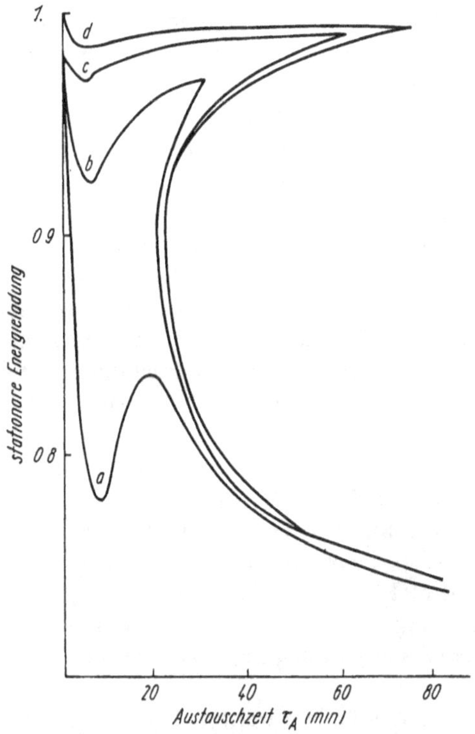

Abb. 11 Selbststabilisierung der Energieladung. Dargestellt ist die Abhängigkeit der stationären Energieladung von der Austauschzeit für verschiedene Maximalaktivitäten der Pyruvatkinase. Bei kleinen Konzentrationen der Pyruvatkinase treten nur eindeutige stationäre Zustände auf, die durch starke Veränderungen der stationären Energieladung bei Variation der Austauschzeit charakterisiert sind. Vergrößerungen der Maximalaktivität der Pyruvatkinase führen zum Auftreten alternativer stationärer Zustände. Die energiereichen Zustände (S_H) sind durch geringe Schwankungen der Energieladung bei der Variation der Kontrollparameter ausgezeichnet. Übergänge zu den energiearmen stationären Zuständen (S_L) sind mit einem Zusammenbruch der Energiestabilisierung verbunden.
Kontrollparameter: $V_{PFK} = 1$ U/ml, $[ATP]_{IN} = 3{,}3$ mM, $[PEP]_{IN} = 6{,}4$ mM, $([F6P] + [G6P])_{IN} = 8{,}7$ mM; a, b, c, d: $V_{PK} = 1, 2, 4, 8$ U/ml. (vgl. Abb. 26)

größer der Bereich des Auftretens alternativer stationärer Zustände ist, desto stärker ist der Abfall der stationären Energieladung beim Überschreiten des Bifurkationspunkts.

In diesem Sinne ist das Auftreten alternativer stationärer Bewegungszustände mit der Erscheinung der ATP-Homöostase verknüpft. Die Eigenschaft der Energiestabilisierung ist aber nicht notwendig an das Auftreten multipler stationärer Zustände gebunden. Eindeutige stabile stationäre Zustände können in vielen Fällen den Zuständen S_H oder S_L zugeordnet werden, indem man einen Kontrollparameter auswählt, dessen Variation zum Auftreten alternativer stationärer Zustände führt (Abb. 8). Stabile eindeutige stationäre Zustände, die in diesem Sinne den energiereichen Ästen der Kontrollkurven zugeordnet sind, können als energiereiche Zustände klassifiziert werden.

Eine etwas allgemeinere, nicht an das Auftreten alternativer stationärer Zustände gebundene Definition energiereicher stationärer Bewegungszustände gewinnt man, indem man qualitative Eigenschaften der Kontrollkurven und Isoklinen ausnutzt. In der Abb. 7B ist in der durch die Konzentrationen der Hexosemonophosphate und des ATP gebildeten Phasenebene eine Isokline $(d(2[ATP] + [ADP])/dt = 0$ eingezeichnet. Eine notwendige, aber nicht hinreichende Bedingung für das Auftreten instabiler stationärer Zustände ist die Existenz eines Kurvenastes mit $d([F6P] + [G6P])/d[ATP] > 0$. Durch diesen Kurvenabschnitt werden zwei Bereiche stabiler quasistationärer Zustände voneiander getrennt. Der zu hohen ATP-Konzentrationen gehörende Kurventeil enthält alle stabilen stationären Zustände (S_H).

In den in Abb. 9A dargestellten Kontrollkurven entspricht dieser Kurvenabschnitt den zu kleinen Influxkonzentrationen der Hexosemonophosphate gehörenden stationären Zuständen mit $d([F6P] + [G6P])/d([F6P] + [G6P])_{IN} > 0$. Durch eine ähnliche Betrachtung zeigt man, daß die Zustände mit $dv_{PK}/dV_{PK} < 0$ energiereiche stationäre Bewegungszustände sind (Abschnitt 4.1.):

Das Auftreten alternativer stationärer Zustände erweitert den ATP-Homöostase-Bereich, verbessert die Qualität der ATP-Stabilisierung und führt zu sprunghaften Übergängen zu stationären Zuständen S_L, in welchen keine ATP-Stabilisierung auftritt. Der Vergleich mit Abb. 9 zeigt, daß in den Zuständen S_L eine Homöostase der Reaktionsgeschwindigkeit der Pyruvatkinasegeschwindigkeit auftritt. Die Konstanz der Geschwindigkeit v_{PK}, die auf einer Begrenzung der Rephosphorylierungsgeschwindigkeit des ADP durch das zur Verfügung stehende Substrat Phosphoenolpyruvat beruht, wird durch starke Veränderungen der ATP-Konzentration bei Variationen der Kontrollparameter vermittelt.

3.6. Einfluß der Stöchiometrie und der kinetischen Eigenschaften der Enzyme auf die Dynamik des Systems

In dieser Arbeit wird die dynamische Struktur des untersuchten Enzymsystems in bezug auf die die experimentellen Bedingungen reflektierenden Kontrollparameter dargestellt. Dabei sind die stöchiometrische Struktur des Reaktionsnetzes und die kinetischen Eigenschaften der Enzyme als konstante Elemente der Modellstruktur vorausgesetzt. In diesem Abschnitt wird die Relevanz der Modellstruktur und der kinetischen Eigenschaften der Enzyme untersucht.

Zentrales Enzym ist die Phosphofruktokinase. Durch das Enzym Pyruvatkinase wird das von der Phosphofruktokinase gebildete ADP rephosphoryliert. Die Integration dieses Enzyms hat zwei für die Kinetik des Systems wichtige Aspekte:

a) Die zyklische Umwandlung von ADP und ATP erlaubt den Einsatz großer Konzentrationen der Phosphofruktokinase bei einer beschränkten Gesamtkonzentration der Adeninnukleotide. Dabei wird die Bedeutung der Flußprozesse für die dynamische Struktur zurückgedrängt.

b) Die Integration der Pyruvatkinase erweitert die Anzahl der dynamischen Dimensionen des Systems. Im Gegensatz zu den in den Anhängen I und II dargestellten Reaktionsmodellen erzwingt die Integration der Pyruvatkinase die Beschreibung durch zwei nichtlineare Differentialgleichungen (40). Dadurch kann eine größere Mannigfaltigkeit in den dynamischen Verhaltensweisen erzeugt werden [68–72]. Ähnliche Erweiterungen der dynamischen Struktur erhält man für einen selektiven Stoffaustausch oder durch Kopplung der Reaktionen mit Diffusionsprozessen [37].

Durch die Adenylatkinase wird die starke aktivierende Wirkung von AMP auf die Phosphofruktokinase in das System eingebracht. Eine große Konzentration dieses Enzyms führt zu einem Quasigleichgewicht zwischen den Adeninnukleotiden (Abb. 5). Die Konzentrationen von ADP und AMP verändern sich bei hoher Energieladung proportional, so daß AMP als ein sekundäres Produkt der Phosphofruktokinase erscheint und zu einer Destabilisierung des Systems führt [17, 40].

Die Integration der Glukose-6-phosphat-Isomerase hat in diesem System eine mehrfache Wirkung. Das durch eine hohe Konzentration dieses Enzyms erzwungene Gleichgewicht führt zu einer qualitativen Veränderung der Bewegungsstruktur:

a) Durch die Glukose-6-phosphat-Isomerase wird Fruktose-6-phosphat mit dem kinetisch unwirksamen Glukose-6-phosphat in ein dynamisches Gleichgewicht gebracht. Glukose-6-phosphat wirkt als ein dynamisches Depot [15, 40]. Dadurch wird die Bewegung des Fruktose-6-phosphats durch die Kinetik der langsameren Variablen ($[F6P] + [G6P]$) ersetzt und der stabilisierende Einfluß der Aktivierung der Phosphofruktokinase durch das Substrat Fruktose-6-phosphat verringert. Diese Wirkung der Glukose-6-phosphat-Isomerase führt zum Auftreten instabiler stationärer Zustände (Oszillationen, instabile Sattelpunkte).

b) Durch den Stoffaustausch kommt es zu einer charakteristischen Deformation der Kontrollcharakteristiken des Systems. Die das dynamische Gleichgewicht der Energieladung charakterisierende Isokline (Abb. 7B) ist von der Wirkung der Glukose-6-phosphat-Isomerase unabhängig. Die Menge der potentiell instabilen stationären Zustände ($d([F6P] + [G6P])/d[ATP] > 0$) wird durch die

Glukose-6-phosphat-Isomerase nicht verändert. Das Enzym hat selbst keine destabilisierende Wirkung, verringert aber die stabilisierende Wirkung der Fruktose-6-phosphat-Aktivierung der Phosphofruktokinase und die Zuordnung der quasistationären Zustände zu Inputkonzentrationen der Hexosemonophosphate (Gleichung (26)). Die in der Abb. 7B dargestellte Isokline führt in einem System ohne Glukose-6-phosphat-Isomerase zu eindeutigen stabilen stationären Bewegungszuständen (Abb. 8B).

Die wichtigsten allosterischen Eigenschaften sind in dem untersuchten Reaktionssystem die (destabilisierende) Aktivierung der Phosphofruktokinase durch AMP und die (stabilisierende) Aktivierung dieses Enzyms durch das Substrat Fruktose-6-phosphat. Die kinetischen Eigenschaften der Pyruvatkinase sind von geringerer Bedeutung in dem Sinne, daß ihre Variation in realistischen Grenzen [60–62] nicht zu qualitativen Veränderungen der Bewegungsmöglichkeiten, sondern lediglich zu Verschiebungen der den untersuchten dynamischen Strukturen zugeordneten Bereiche von Kontrollparametern führen [40, 42].

4. Experimentelle Ergebnisse

4.1. Kontrollkurven

Zur Charakterisierung der dynamischen Eigenschaften von Reaktionssystemen eignen sich besonders die Abhängigkeiten der stationären Metabolitkonzentrationen von den Kontrollparametern (Abschnitt 3.4.). Eine aussagekräftige Kontrollkurve für Reaktionsnetze, die Phosphofruktokinase enthalten, ist die Abhängigkeit der stationären Konzentration des Fruktose-6-phosphats von der Influxgeschwindigkeit dieses Substrats. Diese als Inputcharakteristik bezeichnete Kurve wurde von Selkov für die Veranschaulichung dynamischer Eigenschaften des glykolytischen Systems eingeführt [16–18].

In der Abb. 12B sind für einen Satz von Kontrollparametern die stationären Konzentrationen des ATP, Phosphoenolpyruvats und der Hexosemonophosphate in Abhängigkeit von der Influxkonzentration der Hexosemonophosphate aufgetragen. Die Kurve für die stationäre Konzentration der Hexosemonophosphate entspricht einer Inputcharakteristik des Systems.

Für hohe und für niedrige Influxkonzentrationen wächst bei Vergrößerungen der Influxkonzentration der Hexosemonophosphate die stationäre Konzentration dieser Metabolite. In einem mittleren Bereich der Influxkonzentrationen der Hexosemonophosphate existiert ein Kurvenabschnitt mit negativem Anstieg: Steigende Influxkonzentrationen (und damit steigende Influxgeschwindigkeiten) führen zu einer Abnahme der stationären Konzentration der Hexosemonophosphate im Reaktionsraum. Dies wird durch eine Aktivierung der Phosphofruktokinase bewirkt, deren Ursache die abnehmende ATP-Konzen-

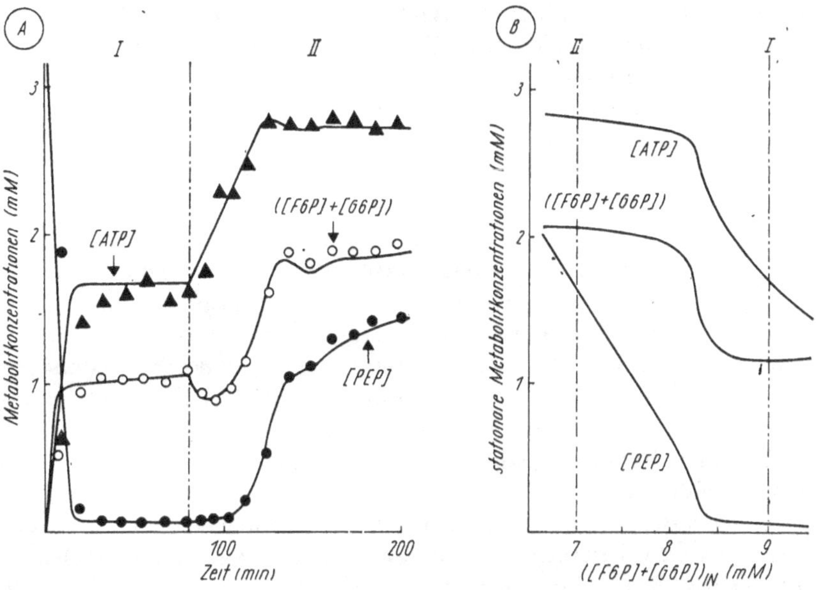

Abb. 12 Experimentelle Ermittlung der nichtlinearen Kontrollkurve des Mehrenzym systems gegenüber der Konzentration der Hexosemonophosphate in der Influxlösung.
A) Ergebnis des Experiments:
▲: [ATP]; ●: [PEP]; ○: ([F6P] + [G6P])
Kontrollparameter: $V_{PFK} = 0{,}75$ U/ml; $V_{PK} = 0{,}85$ U/ml; $[ATP]_{IN} = 3$ mM;
$[PEP]_{IN} = 6{,}4$ mM; $\tau_A = 40$ Minuten
Phase I: $([F6P] + [G6P])_{IN} = 9$ mM
Phase II: $([F6P] + [G6P])_{IN} = 7$ mM
B) Kontrollkurve (steady-state-Kurve): Stationäre Metabolitkonzentrationen in Abhängigkeit von der Hexosemonophosphatkonzentration in der Influxlösung. Den Berechnungen liegen die Kontrollparameter des Experiments zugrunde. Die vertikalen Linien markieren die Konzentrationen der Hexosemonophosphate in der Influxlösung in den Phasen des Experiments.

tration und die damit verbundene Zunahme von ADP und AMP ist (Abb. 3, 5). Dabei nimmt die stationäre Aktivität der Phosphofruktokinase schneller zu als die Influxkonzentration der Hexosemonophosphate. Der Z-förmige Verlauf der Kontrollkurve für die Hexosemonophosphate ist eine notwendige, aber nicht hinreichende Voraussetzung für das Auftreten instabiler stationärer Bewegungszustände (Abschnitt 13.5.).

Abb. 12A zeigt die Ergebnisse eines Experiments zum Nachweis der inversen Abhängigkeit der stationären Hexosemonophosphatkonzentration von der Influxkonzentration $([F6P] + [G6P])_{IN}$. In der Phase I des Experiments betrug die Influxkonzentration der Hexosemonophosphate 9 mM. Der in dieser Phase eingenommene stationäre Zustand ist durch eine niedrige ATP-Konzentration und eine sehr niedrige Konzentration des Substrats Phosphoenolpyruvat gekennzeichnet. In der Phase II wurde eine Influxlösung mit $([F6P] + [G6P])_{IN} = 7$ mM verwendet. Nach einer kurzzeitigen Abnahme der Hexosemonophosphatkonzentration im Reaktionsraum (undershoot) stellte sich ein stationärer Zustand mit einer im Vergleich zu Phase I deutlich vergrößerten Hexosemonophosphatkonzentration ein. Auch die Konzentration von ATP und Phosphoenolpyruvat sind in dieser Phase des Experiments erhöht. Der Zeitbedarf für die Einstellung des stationären Zustands in der Phase II ist groß. Bei der Verringerung der Konzentration der Hexosemonophosphate in der Influxlösung wurde der Pool der übertragbaren Phosphatgruppen (Gleichung (22)) verändert. Die langsame Relaxation dieser Variablen zu dem veränderten stationären Wert bestimmt die Geschwindigkeit der Einstellung des stationären Zustands in Phase II. Die Störung des Pools der Hexosephosphate (Gleichung (19)) ist von geringerer Bedeutung, da der von dieser Störung betroffene Reaktant Fruktose-1,6-bisphosphat keine kinetischen Wirkungen auf andere Metabolite ausübt.

Der Vergleich der in den Phasen I und II eingenommenen Werte mit den durch Integration erhaltenen Kurven für die Evolution der Variablen zu ihren stationären Zuständen und zu den in Abb. 12B dargestellten Kontrollkurven belegt eine gute Übereinstimmung zwischen den theoretischen und den experimentellen Ergebnissen.

Abb. 13B zeigt die stationären Metabolitkonzentrationen in Abhängigkeit von der Phosphoenolpyruvatkonzentration in der Influxlösung. Die Erhöhung der Influxgeschwindigkeit des Phosphoenolpyruvats führt zu einer Steigerung der ADP-Rephosphorylierung durch die Pyruvatkinase und damit zu einer Erhöhung der ATP-Konzentration im Reaktionsraum. Der ATP-Anstieg verursacht eine Verringerung der Phosphofruktokinaseaktivität, die sich in einer Zunahme der stationären Konzentration der Hexosemonophosphate widerspiegelt. Der damit verbundene Anstieg der Konzentration des Fruktose-6-phosphats kompensiert die durch den ATP-Anstieg verursachte Hemmung der Phosphofruktokinase teilweise.

In der Abb. 13A sind die Ergebnisse eines Experiments dargestellt, in dessen Verlauf die Konzentration des Phosphoenolpyruvats in der Influxlösung erhöht wurde. In Phase I wird ein stationärer Zustand eingenommen, der durch niedrige Konzentrationen der Substrate ATP, Phosphoenolpyruvat und der Hexosemonophosphate charakterisiert ist. Nach der Erhöhung der Influxkonzentration des Phosphoenolpyruvats in der Influxlösung (Phase II) steigt zunächst die ATP-Konzentration an, danach erhöhen sich die Konzentrationen der Hexosemonophosphate und des Phosphoenolpyruvats.

Die in den Abb. 12 und Abb. 13 dargestellten Experimente zeigen die Reaktion des Systems auf äußere Belastungen durch Variationen der Substratversorgung. Von großer Bedeutung sind auch die Abhängigkeit der dynamischen Eigenschaften von Kontrollparametern, die innere Eigenschaften des Systems

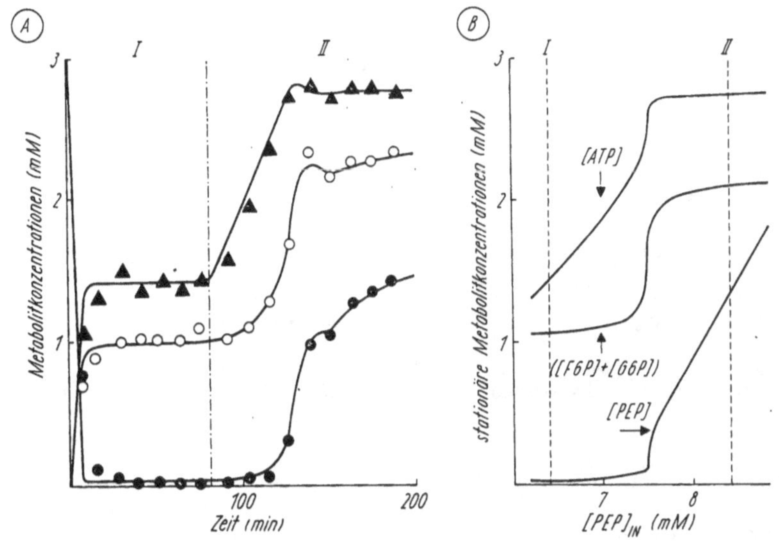

Abb. 13 Experimentelle Ermittlung der nichtlinearen Kontrollkurve des Mehrenzymsystems gegenüber der Phosphoenolpyruvatkonzentration in der Influxlösung.
A) Ergebnis des Experiments:
▲: [ATP]; ●: [PEP]; ○: ([F6P] + [G6P])
Kontrollparameter: $V_{PFK} = 0{,}8$ U/ml; $V_{PK} = 1{,}25$ U/ml; $[ATP]_{IN} = 3$ mM; $([F6P] + [G6P])_{IN} = 9{,}4$ mM; $\tau_A = 40$ Minuten
Phase I: $[PEP]_{IN} = 6{,}4$ mM
Phase II: $[PEP]_{IN} = 8{,}4$ mM
B) Kontrollkurve (steady-state-Kurve): Stationäre Metabolitkonzentrationen in Abhängigkeit von der Phosphoenolpyruvatkonzentration in der Influxlösung. Den Berechnungen liegen die Kontrollparameter des Experiments zugrunde. Die vertikalen Linien kennzeichnen die Phosphoenolpyruvatkonzentration in der Influxlösung in den Phasen des Experiments.

charakterisieren. Solche Kontrollparameter sind die Konzentrationen der Enzyme im Reaktionsraum.

In dem in dieser Arbeit untersuchten Reaktionsmodell tritt eine interessante Kontrolleigenschaft in bezug auf die Maximalaktivität der Pyruvatkinase (V_{PK}) auf. Ein Experiment, in dessen Verlauf die Pyruvatkinasekonzentration im Reaktionsraum stufenweise erhöht wurde, ist in Abb. 14 dargestellt.

Abb. 14A zeigt die gemessenen Metabolitkonzentrationen, Abb. 14B die daraus berechneten aktuellen Aktivitäten von Phosphofruktokinase und Pyruvatkinase. In Phase I des Versuchs enthielt der Reaktor keine Pyruvatkinase. Zu Beginn der Phase II wurde immobilisierte Pyruvatkinase in den Reaktionsraum injiziert. Dies führt zu einem Anstieg des ATP, während die Konzentrationen der Hexosemonophosphate und des Phosphoenolpyruvates

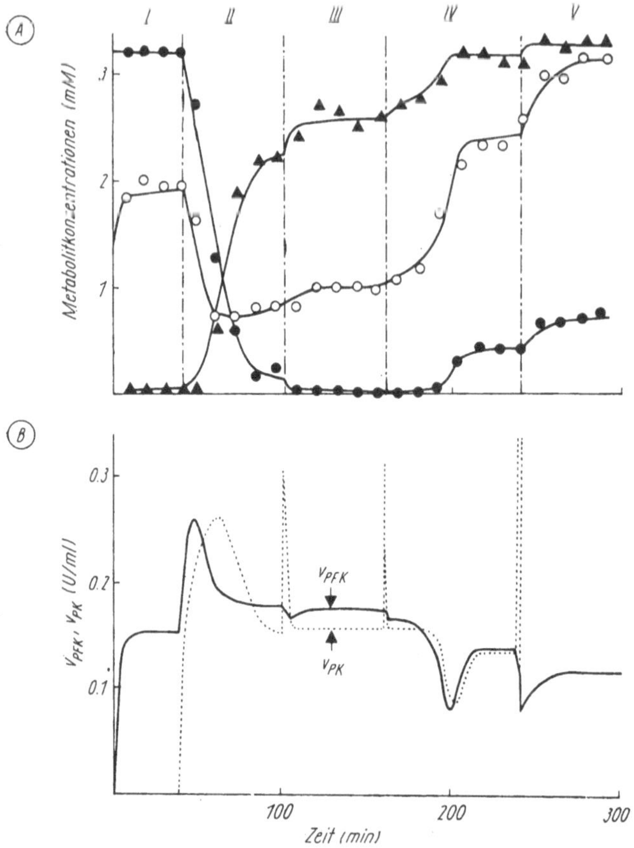

Abb. 14 Kontrollkurve des Mehrenzymsystems bei Titration mit immobilisierter Pyruvatkinase.

A) Ergebnis des Experiments:

▲: [ATP]; ●: [PEP]/2; ○: ([F6P] + [G6P])

Kontrollparameter: $V_{PFK} = 0{,}85$ U/ml; $[ATP]_{IN} = 3{,}3$ mM; $[PEP]_{IN} = 6{,}4$ mM; $([F6P] + [G6P])_{IN} = 8{,}2$ mM, $\tau_A = 40$ Minuten

Phase I: $V_{PK} = 0$

Phase II: $V_{PK} = 0{,}5$ U/ml

Phase III: $V_{PK} = 1$ U/ml

Phase IV: $V_{PK} = 2$ U/ml

Phase V: $V_{PK} = 7$ U/ml

B) Die den theoretischen Kurven in A entsprechenden aktuellen Enzymaktivitäten

——— Phosphofruktokinaseaktivität

········ Pyruvatkinaseaktivität

sinken. Die aktuellen Aktivitäten von Phosphofruktokinase und Pyruvatkinase nehmen zu. In Phase III wurde die Pyruvatkinasekonzentration im Reaktor weiter erhöht. Die Phosphoenolpyruvatkonzentration nimmt ab, die stationären Konzentrationen des ATP und der Hexosemonophosphate nehmen zu. Das zeigt, daß die stationäre Phosphofruktokinaseaktivität ($\bar{v}_{PFK} = \overline{[FBP]}/\tau_A$) kleiner ist als in Phase II, während die stationäre Reaktionsgeschwindigkeit der Pyruvatkinase ($\bar{v}_{PK} = \overline{[PYR]}/\tau_A$) ansteigt. Weitere Vergrößerungen der Maximalaktivität der Pyruvatkinase (Phasen IV, V) resultieren in einer Zunahme des Phosphoenolpyruvats, die eine Abnahme der stationären Pyruvatkinaseaktivität aufzeigt. Diese inverse Abhängigkeit der Pyruvatkinaseaktivität von der Pyruvatkinasekonzentration wird durch die in der Abb. 15 dargestellten steady-state-Kurven verdeutlicht: Erhöhungen der Maximalaktivität der Pyruvatkinase führen bei Enzymkonzentrationen $V_{PK} > 1$ U/ml zu einem Anwachsen der stationären Phosphoenolpyruvatkonzentration im Reaktionsraum.

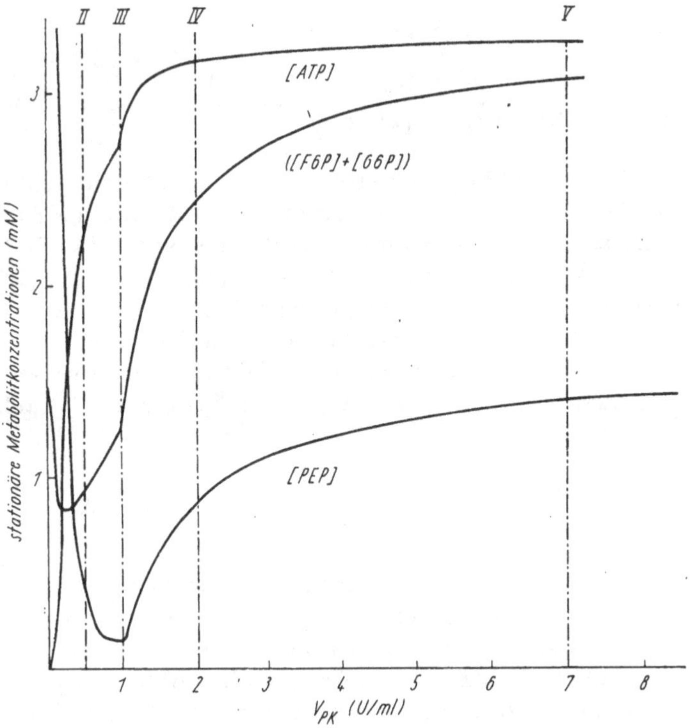

Abb. 15 Steady-state-Kurven: Abhängigkeit der stationären Metabolitkonzentrationen von der Pyruvatkinasekonzentration im Reaktor. Den Berechnungen liegen die Kontrollparameter des in Abb. 14 gezeigten Experiments zugrunde. Die senkrechten Linien markieren die Pyruvatkinasekonzentrationen in den Phasen II bis V des Experiments.

An welche Bedingungen ist dieses paradoxe Verhalten der Pyruvatkinase geknüpft? Aus den in Abb. 15 dargestellten Kurven entnimmt man, daß die Verringerung der stationären Pyruvatkinaseaktivität mit der durch den ATP-Anstieg erzwungenen Abnahme der Aktivität der Phosphofruktokinase gekoppelt ist. In diesem Sinne ist die ATP-Hemmbarkeit der Phosphofruktokinase eine notwendige Bedingung für das Auftreten inverser Abhängigkeiten der Pyruvatkinaseaktivität von der Maximalaktivität dieses Enzyms. Es sind aber nicht alle stationären Zustände, die dem abfallenden Teil der ATP-Geschwindigkeitskurven der Phosphofruktokinase zugeordnet werden können (Abb. 7A), durch diese Eigenschaft charakterisiert. Grenzen des Bereichs, in dem das paradoxe Verhalten der Pyruvatkinase beobachtet werden kann, erhält man aus den Gleichungen (22) und (24). Die kritischen Zustände sind durch $d\bar{v}_{PK}/dV_{PK} = 0$ gekennzeichnet. Für kleine Verschiebungen des stationären Bewegungszustandes folgt aus Gleichung (24)

$$d(\bar{v}_{PFK}) = - d(2[ATP] + [ADP])/\tau_A \quad . \qquad (28)$$

Daraus gewinnt man unter Berücksichtigung von (22)

$$\frac{\partial v_{PFK}}{\partial(2[ATP] + [ADP])} = \left(\frac{1}{\tau_A} + \frac{\partial v_{PFK}}{\partial[F6P]} \cdot \frac{1}{(1 + q_{PGI})}\right) \qquad (29)$$

Die durch die Zunahme von [ATP] induzierte Abnahme der Phosphofruktokinaseaktivität muß die Aktivierung des Enzyms durch den Anstieg des Substrats Fruktose-6-phosphat und den vergrößerten Ausfluß von (2[ATP] + [ADP]) aus dem Reaktionsraum kompensieren. Die Bedingung in Gleichung (29) trennt auch die potentiell instabilen von den energiereichen stabilen stationären Bewegungszuständen (Abb. 7B). Inverse Relationen zwischen der stationären Aktivität der Pyruvatkinase und der Maximalaktivität der Pyruvatkinase treten in den energiereichen stabilen stationären Zuständen (S_H) auf.

4.2. *Multistationarität*

In den im Abschnitt 4.1. dargestellten Experimenten wurden eindeutige stabile stationäre Bewegungszustände erhalten. Die Eindeutigkeit der erhaltenen stationären Zustände kann unmittelbar aus den zugeordneten Kontrollcharakteristiken (Abb. 12B, 13B, 15) abgelesen werden. Abb. 16 zeigt die Abhängigkeit der stationären ATP-Konzentration von den Maximalaktivitäten der Phosphofruktokinase und der Pyruvatkinase.

Bei niedrigen Konzentrationen der Pyruvatkinase ist die stationäre ATP-Konzentration eindeutig bestimmt. Beim Einsatz größerer Pyruvatkinasekonzentrationen lassen sich drei Bereiche unterscheiden: Bei hohen und bei niedrigen Konzentrationen der Phosphofruktokinase treten eindeutige stationäre Zustände auf. In einem mittleren Konzentrationsbereich dieses Enzyms gehören zu einem Satz von Kontrollparametern drei stationäre ATP-Konzentrationen, die drei alternative stationäre Bewegungszustände des Systems repräsentieren (Abschnitt 3.4.).

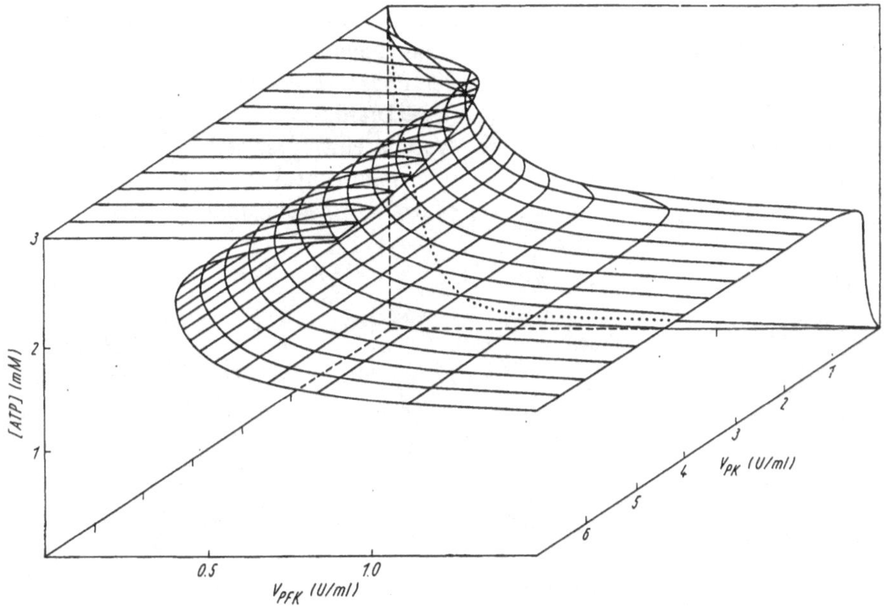

Abb. 16 Dreidimensionale Darstellung der Abhängigkeit der stationären ATP-Konzentration von den Konzentrationen der Phosphofruktokinase und der Pyruvatkinase. Kontrollparameter: $[ATP]_{IN} = 3$ mM; $[PEP]_{IN} = 6{,}4$ mM; $([F6P] + (G6P])_{IN} = 9$ mM; $\tau_A = 40$ Minuten.

Das Auftreten alternativer stationärer Zustände kann durch Parameterbereiche im Raum der Kontrollparameter charakterisiert werden (Abb. 17). Im Gegensatz zu den eindeutigen instabilen Zuständen, die zum Auftreten von Oszillationen führen, zeigt sich die Existenz alternativer stationärer Bewegungszustände nicht von selbst, sondern an hysteretischen Reaktionen auf Veränderungen der Kontrollparameter (Abschnitt 3.4.). Einen einfachen experimentellen Nachweis alternativer stationärer Zustände erhält man aus Übergängen zwischen alternativen stationären Zuständen, die durch Störungen der Kontrollparameter induziert werden können (Trigger-Verhalten).

4.2.1. Trigger-Verhalten

4.2.1.1. Nachweis alternativer stationärer Zustände

Abb. 18A zeigt die Ergebnisse eines Versuchs, der unter Bedingungen durchgeführt wurde, die zum Auftreten multipler stationärer Zustände führen sollten (Abb. 17).

In der Phase I des Versuchs bewegen sich die Metabolite auf einen stabilen stationären Zustand zu, der durch eine hohe ATP-Konzentration und relativ große Konzentrationen der Hexosemonophosphate und des Phosphoenolpyruvats gekennzeichnet ist (S_H). In der Phase II wurde die Substratversorgung des Systems unterbrochen ($\tau_A \rightarrow \infty$). Diese Störung führt zu einem Absinken des Phosphoenolpyruvats, gefolgt von einer drastischen Abnahme der ATP-Konzentration. Dadurch wird die Phosphofruktokinase aktiviert und der Abfall des ATP und der Hexosemonophosphate beschleunigt. Dabei kreuzen

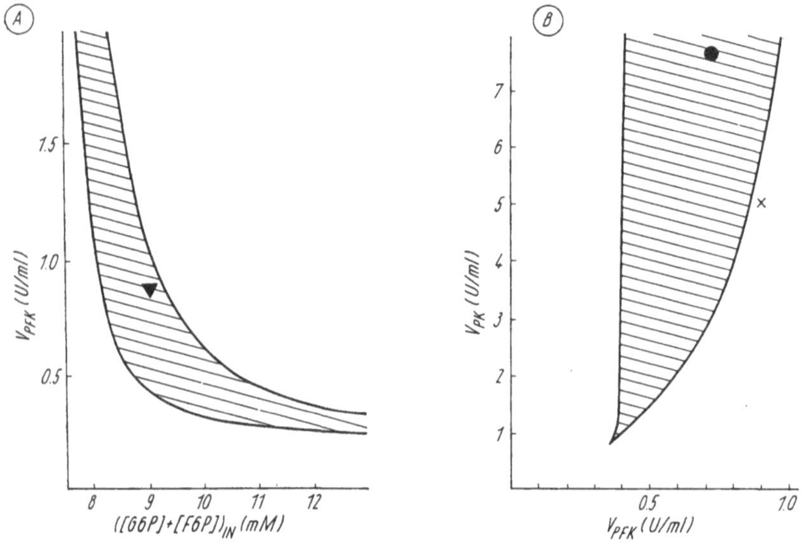

Abb. 17 Projektionen des Kontrollparameterbereichs für das Auftreten multipler stationärer Zustände.
Kontrollparameter: $[ATP]_{IN} = 3$ mM; $[PEP]_{IN} = 6{,}4$ mM; $\tau_A = 40$ Minuten. Innerhalb der schraffierten Bereiche koexistieren alternative stationäre Zustände. Die Punkte ▼, × und ● markieren die experimentellen Bedingungen der in den Abb. 18, 19 und 20 dargestellten Versuche.
A) Darstellung des Parameterbereichs in der Ebene der Maximalaktivität der Phosphofruktokinase und der Influxkonzentration der Hexosemonophosphate; $V_{PK} = 6{,}5$ U/ml
B) Darstellung des Parameterbereichs in der Ebene der Maximalaktivitäten der Phosphofruktokinase und der Pyruvatkinase; $([F6P] + [G6P])_{IN} = 9{,}2$ mM.

die Metabolitkonzentrationen die Separatix (Abschnitt 2.3.). In der Phase III wurde wieder mit der ursprünglichen Pumpgeschwindigkeit gearbeitet. Die Metabolite bewegen sich zu einem stationären Zustand, der qualitativ von dem in Phase I beobachteten Zustand verschieden ist (S_L). Die Konzentration des Phosphoenolpyruvats im Reaktionsraum ist sehr klein, die ATP-Konzentration und die Konzentration der Hexosemonosphate sind deutlich niedriger als in der Phase I des Experiments.

In Phase IV wurde das System durch Vergrößerung der Pumpgeschwindigkeit ($\tau_A = 16$ min) erneut gestört. Die beschleunigte Substratversorgung führt zunächst zu einer nahezu vollständigen ADP-Rephosphorylierung, zu einem Anwachsen der Hexosemonophosphatkonzentration und schließlich auch zu einem Anstieg der Konzentration des Phosphoenolpyruvats. Die Metabolitkonzentrationen kreuzen wiederum die Separatix. In Phase V wurde wieder mit der ursprünglichen Pumpgeschwindigkeit gearbeitet. Dabei stellt sich ein energiereicher Zustand ein, der mit dem Stationärzustand in Phase I praktisch identisch ist. Die nicht vollständige Übereinstimmung der quasistationären Metabolitkonzentrationen in den Phasen I und V ist auf das langsame Herausdiffundieren der Phosphofruktokinase aus dem Polyacrylamidgel zurückzuführen.

Die steady-state-Kurven in Abb. 18B wurden unter Zugrundelegung des mathematischen Modells mit Hilfe der Kontrollparameter des Experiments berechnet. Die Austauschzeit betrug in den Phasen I, III und V 40 Minuten. Zu diesen Bedingungen gehören drei alternative stationäre Bewegungszustände (Schnittpunkte der steady-state-Kurven mit der Senkrechten bei $\tau_A = 40$ Minuten). Als Folge der initialen Metabolitkonzentrationen stellte sich in Phase I ein energiereicher stationärer Zustand (S_H) ein. In Phase II ($\tau_A \rightarrow \infty$) bewegten sich die Metabolitkonzentrationen auf den zu $\tau_A \rightarrow \infty$ gehörenden Gleichgewichtszustand zu. Der Übergangszustand beim Wiederanschalten der Pumpe ($\tau_A = 40$ Minuten, Phase III) gehört zum Einzugsbereich des energiearmen Zustands S_L. In Phase IV bewegten sich die Metabolitkonzentrationen auf einen eindeutigen energiereichen stationären Zustand zu. Sie befinden sich zu Beginn der Phase V im Attraktionsbereich des energiereichen Stationärzustands (S_H).

Abb. 19A zeigt das Ergebnis eines dem vorhergehenden Experiment ähnlichen Versuchs, der jedoch unter Bedingungen außerhalb des Kontrollparameterbereichs multipler stationärer Zustände durchgeführt wurde (Abb. 17). Trotz ähnlicher Startbedingungen stellt sich in Phase I dieses Versuchs ein energiearmer stationärer Zustand ein. Die Störung durch beschleunigtes Pumpen ($\tau_A = 16$ Minuten, Phase II) führt zu einem Anstieg der Konzentrationen des ATP, des Phosphoenolpyruvats und der Hexosemonophosphate. Nach Wiederherstellung der ursprünglichen Versuchsbedingungen in Phase III nimmt die Phosphoenolpyruvatkonzentration schnell ab. Nach kurzer Zeit verringern sich auch die Konzentrationen des ATP und der Hexosemonophosphate,

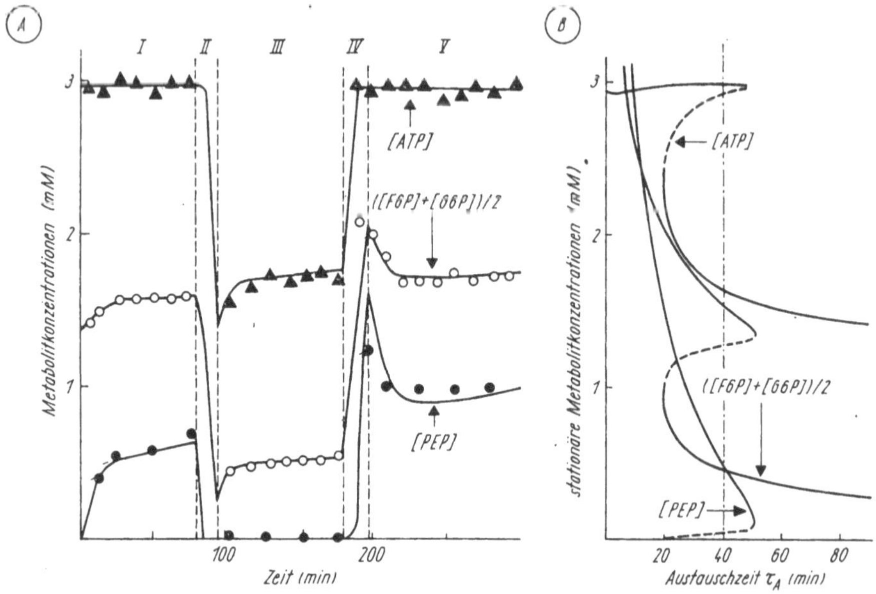

Abb. 18 Experimenteller Nachweis alternativer stationärer Zustände.
A) Induktion des Trigger-Verhaltens durch kurzzeitige Veränderung der Austauschzeit.
▲: [ATP]; ●: [PEP]; ○: ([F6P] + [G6P])/2
Kontrollparameter: $V_{PFK} = 0{,}85$ U/ml; $V_{PK} = 6{,}5$ U/ml; $[ATP]_{IN} = 3$mM;
$[PEP_{IN}] = 6{,}4$ mM $([F6P] + [G6P])_{IN} = 9$ mM;
Diese Bedingungen entsprechen dem Symbol ▼ in Abb. 17A.
Phase I: $\tau_A = 40$ Minuten
Phase II: Störung durch $\tau_A \to \infty$
Phase III: $\tau_A = 40$ Minuten
Phase IV: Störung durch $\tau_A = 16$ Minuten
Phase V: $\tau_A = 40$ Minuten
B) Steady-state-Kurven: Stationäre Metabolitkonzentrationen in Abhängigkeit von der Austauschzeit. Den Berechnungen liegen die Kontrollparameter des in Teil A gezeigten Experiments zugrunde. Der unterbrochene Teil der steady-state-Kurven trägt die dynamisch instabilen Stationärzustände. Die senkrechte Linie markiert die in den Phasen I, III und V angewendete Austauschzeit. Die Schnittpunkte dieser Geraden mit den ausgezogenen Ästen der steady-state-Kurven ergeben die stationären Metabolitkonzentrationen im energiereichen Stationärzustand (vgl. die stationäre Metabolitkonzentrationen in Phase I und V des Experiments) und im energiearmen Stationärzustand (vgl. Phase III).

und es stellt sich wieder der energiearme stationäre Zustand ein, mit dem das Experiment begann.

Die in Abb. 19B dargestellten steady-state-Kurven zeigen, daß für $\tau_A =$ 40 Minuten (Phasen I und III) ein eindeutiger energiearmer stationärer Zustand (S_L) existiert.

Bei dem in Abb. 20 dargestellten Experiment wurden hysteretische Über-

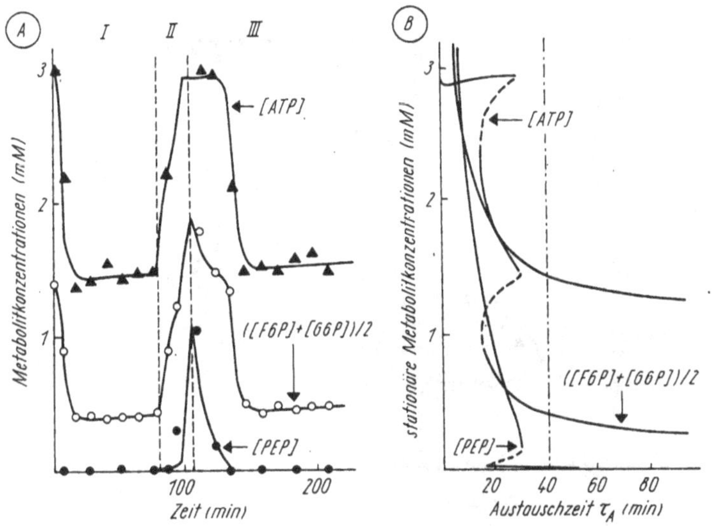

Abb. 19 Dynamik des Mehrenzymsystems bei Vorliegen eines eindeutigen stationären Zustands.
A) Experimentell beobachteter Zeitverlauf der Metabolitkonzentrationen; Störung durch kurzzeitige Veränderung der Austauschzeit.
▲: [ATP]; ●: [PEP]; ○: ([F6P] + [G6P])/2
Kontrollparameter: $V_{PFK} = 1$ U/ml; $V_{PK} = 5$ U/ml
$[ATP]_{IN} = 3$ mM; $[PEP_{IN}] = 6{,}4$ mM; $([F6P] + [G6P])_{IN} = 9{,}2$ mM;
Diese Bedingungen entsprechen dem Symbol × in Abb. 17B.
Phase I: $\tau_A = 40$ Minuten
Phase II: $\tau_A = 15$ Minuten
Phase III: $\tau_A = 40$ Minuten
B) Steady-state-Charakteristik: Stationäre Metabolitkonzentrationen in Abhängigkeit von der Austauschzeit. Den Berechnungen liegen die Kontrollparameter des in A gezeigten Experiments zugrunde. Die senkrechte Linie markiert die Austauschzeit in den Phasen I und III des Experiments. Die Schnittpunkte dieser Geraden mit den steady-state-Kurven der Metabolite kennzeichnet den eindeutigen stationären Zustand (vgl. die gemessenen Metabolitkonzentrationen in Phase I und III).

gänge zwischen alternativen stationären Zuständen durch kurzzeitige Erhöhung der Influxkonzentrationen der Hexosemonophosphate (Phase II) und des Phosphoenolpyruvates (Phase IV) induziert. Diese Störungen der Influxkonzentrationen der Substrate führen zu Störungen der durch die Gleichungen (19), (21) und (22) beschriebenen Poolvariablen. Die für die Einstellung der stationären Zustände benötigte Zeit wird wesentlich durch die langsame Relaxation der Konzentration der enzymatisch übertragbaren Phosphatgruppen (Gl. (22)) bestimmt.

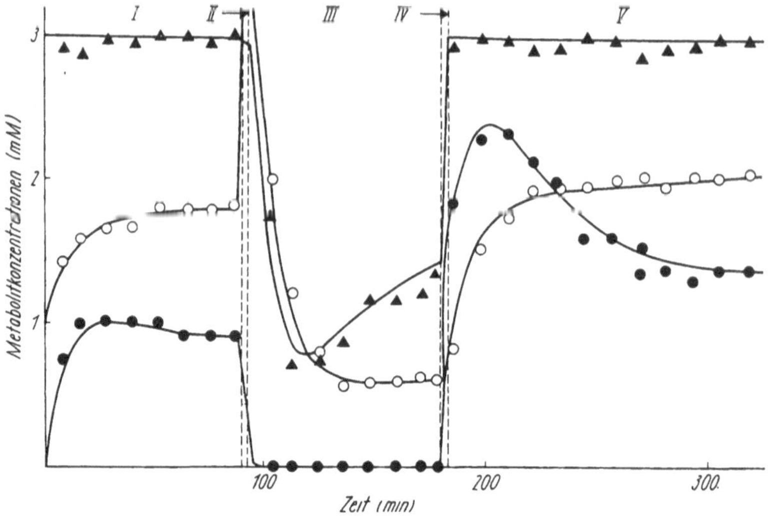

Abb. 20 Umschaltung zwischen alternativen stationären Zuständen. Das Trigger-Verhalten wurde durch kurzzeitige Veränderungen der Konzentrationen der Hexosemonophosphate bzw. des Phosphoenolpyruvats in der Influxlösung erzeugt.
▲: [ATP]; ●: [PEP]; ○: ([F6P] + [G6P])/2
Kontrollparameter: V_{PFK} = 0,7 U/ml V_{PK} = 6,5 U/ml
$[ATP]_{IN}$ = 3 mM; $[PEP]_{IN}$ = 6,4 mM; ([F6P] + [G6P]) = 9,2 mM,
τ_A = 40 Minuten
Die Bedingungen entsprechen dem Symbol ● in Abb. 17B.
Phase II: $([F6P] + [G6P])_{IN}$ = 90 mM
Phase IV: $[PEP]_{IN}$ = 90 mM

Abb. 21 zeigt die dem Experiment (Abb. 20) entsprechenden Kontrollkurven. Die Erhöhung der Influxkonzentration der Hexosemonophosphate führt zu eindeutigen energiearmen stationären Bewegungszuständen (Abb. 21A), während hohe Konzentrationen des Phosphoenolpyruvates in der Influxlösung zu eindeutigen energiereichen Zuständen führen (Abb. 21B).

4.2.1.2. Umschalten zwischen alternativen ATP-verbrauchenden und ATP-liefernden stationären Zuständen

In den bisher vorgestellten Experimenten wurden die Adeninnukleotide dem Reaktor als ATP zugeführt. Alle Übergangs- oder Stationärzustände waren deshalb ATP-verbrauchende Zustände: Die ATP-Konzentration im Reaktor war stets kleiner als die ATP-Konzentration in der Influxlösung. Die Situation ändert sich, wenn bei konstanter Summe der Konzentrationen der Adeninnukleotide (3 mM), die Energieladung (Gleichung (25)) der Influxlösung verändert wird. Dann können sowohl ATP-verbrauchende als auch ATP-liefernde

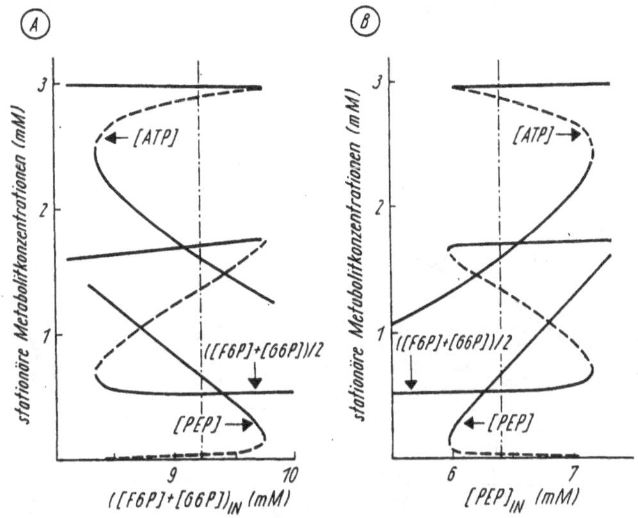

Abb. 21 Steady-state-Kurven: Die stationären Metabolitkonzentrationen wurden mit den Kontrollparametern des in Abb. 20 dargestellten Experiments berechnet.
A) Stationäre Metabolitkonzentrationen in Abhängigkeit von der Hexosemonophosphatkonzentration in der Influxlösung.
B) Stationäre Metabolitkonzentrationen in Abhängigkeit von der Phosphoenolpyruvatkonzentration in der Influxlösung.
Die unterbrochenen Teile der steady-state-Kurven tragen die instabilen stationären Zustände. Die senkrechten Linien markieren die Versuchsbedingungen in den Phasen I, III und V des Experiments.

Zustände auftreten. Eine Netto-ATP-Produktion kann auf Kosten des Phosphoenolpyruvats erreicht werden, wenn die Aktivität der Pyruvatkinase größer ist als die der Phosphofruktokinase.

Abb. 22 zeigt die Charakteristika stationärer Zustände (Eindeutigkeit, Energiegehalt, ATP-Lieferung oder -Verbrauch) in Abhängigkeit von der Konzentration der Hexosemonophosphate und der Energieladung in der Influxlösung. Die schraffierte Fläche enthält alternative stationäre Zustände, die übrigen Bereiche repräsentieren eindeutige stationäre Zustände. Das Gebiet eindeutiger energiearmer Zustände umfaßt einen Bereich ATP-liefernder (S_L^G) und einen Bereich ATP-verbrauchender Stationärzustände. Das Gebiet energiereicher stationärer Zustände enthält ebenfalls ATP-liefernde (S_H^G) und ATP-verbrauchende (S_H^C) Zustände. Der Parameterbereich multipler stationärer Zustände ist dreigeteilt: In einem Gebiet sind beide alternative Zustände ATP-verbrauchend (S_L^C, S_H^C), in einem zweiten sind beide Zustände ATP-liefernd (S_L^G, S_H^G); eine mittlere Zone enthält funktionell antagonistische alternative Stationärzustände (S_H^G, S_L^C). Die Kontrollparameter der in den Abb. 18

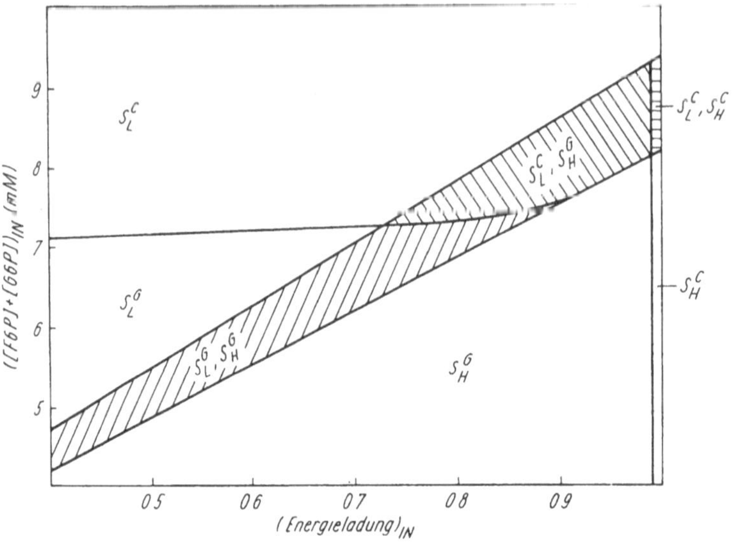

Abb. 22 Charakterisierung stationärer Zustände bezüglich der Konzentrationen energiereicher Substrate, Multiplizität und ATP-Synthese bzw. -Verbrauch in Abhängigkeit von der Energieladung und den Konzentrationen der Hexosemonophosphate in der Influxlösung. Der schraffierte Bereich enthält multiple stationäre Zustände; die alternativen stationären Zustände unterscheiden sich im Energiegehalt. Unterhalb dieses Bereichs existieren eindeutige energiereiche stationäre Zustände (S_H). Diese können als ATP-verbrauchende (S_H^C) oder ATP-bildende (S_H^G) Zustände charakterisiert werden. Oberhalb der Multistabilitätsregion existieren eindeutige energiearme Stationärzustände (S_L), die ATP verbrauchen (S_L^C) oder bilden (S_L^G). Die Parameterregion multipler stationärer Zustände ist dreigeteilt. Im Bereich niedriger Energieladungen der Influxlösung sind die beiden alternativen stationären Zustände ATP-bildend (S_L^G, S_H^G). Bei sehr hoher Energieladung der Influxlösung sind die alternativen Zustände ATP-verbrauchend. Ein mittlerer Bereich enthält funktionell antagonistische Zustände, der energiereiche Zustand ist ATP-bildend, der energiearme alternative Zustand verbraucht ATP.

und 20 dargestellten Versuche gehören zur rechten Kante des schraffierten Bereichs (Energieladung der Influxlösung $\doteq$ 1).

In Abb. 23A sind die stationären Konzentrationen der Hexosemonophosphate, des Phosphoenolpyruvats und die stationäre Energieladung in Abhängigkeit von der Energieladung der Influxlösung dargestellt. Die gepunktete Linie markiert die Gleichheit der Energieladungen in der Influxlösung und im Reaktionsraum. Die energiereichen stationären Zustände sind ATP-erzeugend (S_H^G), die energiearmen Zustände ATP-verbrauchend (S_L^C). In einem breiten Bereich der Energieladung der Influxlösung koexistieren funktionell antagonistische alternative stationäre Zustände.

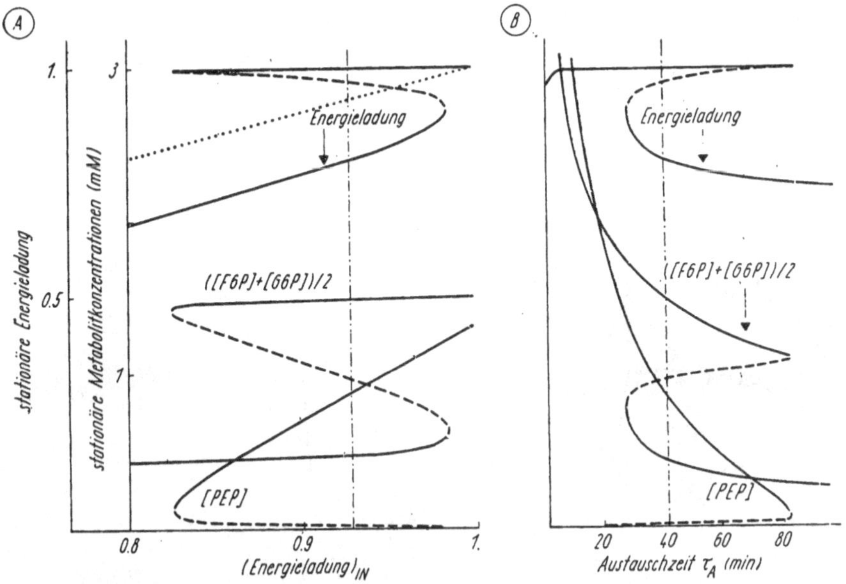

Abb. 23 Steady-state-Kurven: Abhängigkeit der stationären Energieladung und der stationären Konzentrationen der Hexosemonophosphate und des Phosphoenolpyruvats von der Energieladung in der Influxlösung (A) und von der Austauschzeit (B).
Kontrollparameter: $V_{PFK} = 0{,}8$ U/ml; $V_{PK} = 7{,}5$ U/ml;
$([ATP] + [ADP] + [AMP])_{IN} = 3$ mM; $[PEP)_{IN} = 6{,}4$ mM; $([F6P] + [G6P])_{IN} = 8{,}1$ mM
A) $\tau_A = 40$ Minuten. Die gepunktete Linie markiert die Äquivalenz der Energieladungen in Influxlösung und Reaktor.
B) Energieladung der Influxlösung = 0,93. Die senkrechten Linien entsprechen den Bedingungen des in Abb. 24 vorgestellten Experiments.

Abb. 24 zeigt das experimentell induzierte Umschalten zwischen alternativen ATP-liefernden und ATP-verbrauchenden Zuständen. Die experimentellen Bedingungen entsprechen den Kontrollparametern, die den steady-state-Kurven in Abb. 23 zugrunde liegen. In der Phase I des Versuchs bewegen sich die Metabolite auf einen energiereichen ATP-erzeugenden stationären Zustand (S_H^G) zu. In der Phase II wurde das System durch Unterbrechung der Substratversorgung ($\tau_A \to \infty$) gestört. In Phase III ($\tau_A = 40$ Minuten) stellt sich ein energiearmer ATP-verbrauchender stationärer Zustand (S_L^C) ein. In Phase IV wurde erneut gestört ($\tau_A = 16$ Minuten). Dabei gerät das System in den Einzugsbereich des energiereichen Zustands (S_H^G), zu dem sich die Metabolitkonzentrationen während der Phase V bewegen. Die Reaktionen des Systems auf Störungen der Austauschzeit kann aus Abb. 23B abgelesen werden.

Abb. 25A zeigt ein Experiment, in dem das Umschalten zwischen zwei alternativen ATP-liefernden stationären Zuständen (S_H^G, S_L^G) durch eine Störung der Austauschzeit veranlaßt wurde. Als Folge der Metabolitkonzentrationen

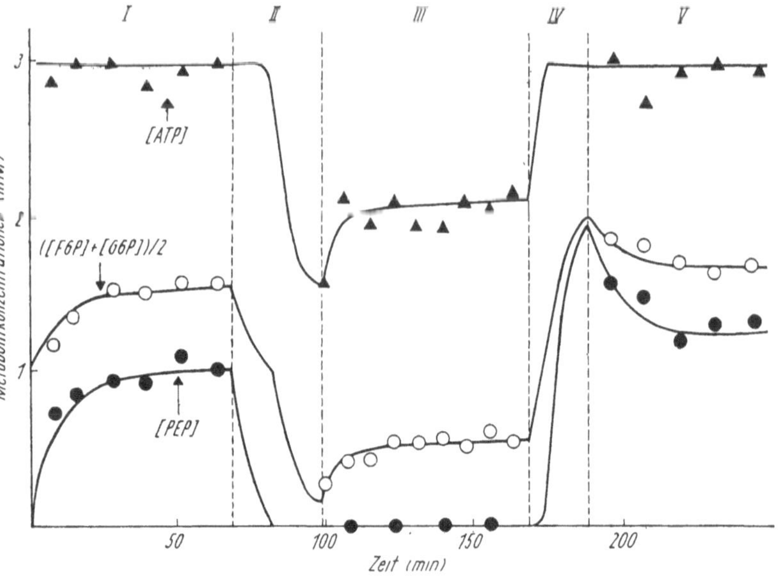

Abb. 24 Umschaltung von einem ATP-bildenden in einen ATP-verbrauchenden alternativen stationären Zustand. Das Trigger-Verhalten wurde durch kurzzeitige Veränderungen der Austauschzeit induziert.

▲: [ATP]; ●: [PEP]; ○: ([F6P] + [G6P])/2.

Die experimentellen Bedingungen entsprachen den Kontrollparametern, die den in Abb. 23 gezeigten steady-state-Kurven zugrunde liegen.
Phase II: Störung durch $\tau_A \to \infty$
Phase IV: inverse Störung durch $\tau_A = 16$ Minuten.

zur Zeit $t = 0$ stellt sich in der Phase I ein energiearmer stationärer Zustand ein. Die dabei erreichte stationäre Energieladung ist deutlich größer als die Energieladung der Influxlösung (Abb. 25B). In Phase II wurde das System durch eine Vergrößerung der Pumpgeschwindigkeit ($\tau_A = 16$ Minuten) gestört. In Phase III bewegen sich die Konzentrationen der Metabolite auf den ATP-liefernden energiereichen stationären Zustand (S_H^G) zu.

4.2.2. Hysteretisches Verhalten

4.2.2.1. Selbststabilisierung der Energieladung im Reaktor gegenüber veränderten experimentellen Bedingungen

Die Energieladung ist eine der essentiellen Variablen des untersuchten rekonstituierten Vier-Enzymsystems (siehe Kap. 3). Die steady-state-Kurven in den Abb. (13, 18, 21 und 23) zeigen, daß sich die energiereichen stationären

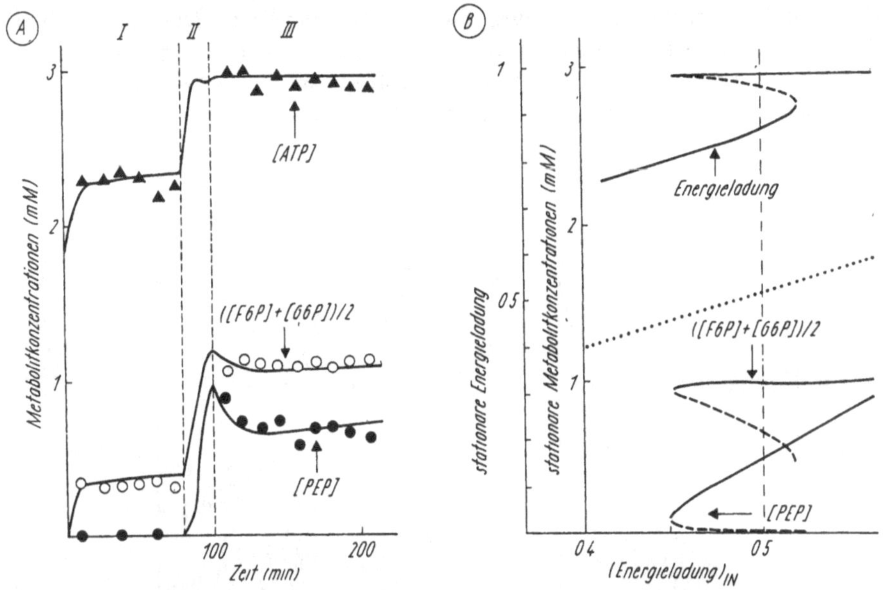

Abb. 25 Umschaltung zwischen alternativen ATP-liefernden stationären Zuständen.
A) Ergebnis des Experiments: Das Trigger-Verhalten wurde durch kurzzeitige Veränderung der Austauschzeit induziert.

▲: [ATP]; ●: [PEP]; ○: ([F6P)] + [G6P])/2

Kontrollparameter: $V_{PFK} = 0{,}9$ U/ml; $V_{PK} = 7$ U/ml; $([ATP] + [ADP] + [AMP])_{IN} = 3$mM, $(Energieladung)_{IN} = 0{,}5$; $[PEP]_{IN} = 6{,}4$ mM; $([F6P] + [G6P])_{IN} = 4{,}8$ mM; $\tau_A = 40$ Minuten

Phase II: $\tau_A = 16$ Minuten

B) Die mit Hilfe der Kontrollparameter des Experiments berechneten steady-state-Kurven. Die stationäre Energieladung sowie die stationären Konzentrationen der Hexosemonophosphate und des Phosphoenolpyruvats sind als Funktionen der Energieladung der Influxlösung dargestellt. Die punktierte Linie markiert die Äquivalenz der Energieladungen in Influxlösung und Reaktor. Die Senkrechte zeigt die experimentellen Bedingungen.

Zustände durch eine nahezu konstante Energieladung auszeichnen. Befindet sich das Reaktionssystem in einem energiereichen Stationärzustand, so bleibt die Energieladung im Reaktor bei Variation eines Kontrollparameters nahezu konstant, während sich die übrigen Metabolitkonzentrationen deutlich verändern. Der Zusammenhang zwischen der Selbststabilisierung der Energieladung und dem Auftreten multipler stationärer Zustände wurde in Abschnitt 3.5. diskutiert.

Die Selbststabilisierung der Energieladung kann gegenüber allen Kontrollparametern vorausgesagt werden. Abb. 26 zeigt die Bereiche der Stabilisierung der Energieladung gegenüber der Konzentration der Phosphofruktokinase, der

Energieladung in der Influxlösung und der Austauschzeit. Die schraffierten Gebiete enthalten energiereiche, energiestabilisierte stationäre Zustände. Der Parameterbereich, in dem Multistabilität auftritt, ist ein Teilgebiet des Parameterbereichs in dem energiestabilisierte Stationärzustände existieren.

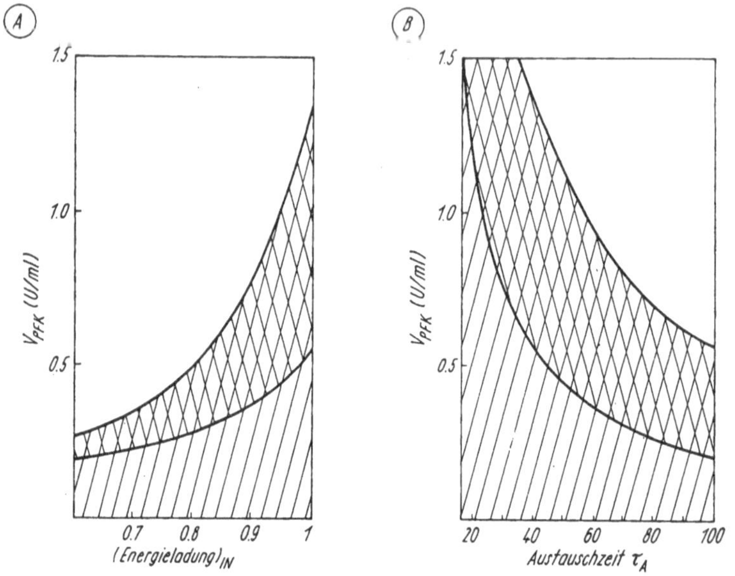

Abb. 26 Projektionen der Kontrollparameterbereiche, innerhalb welcher eine Selbststabilisierung der Energieladung gegenüber äußeren Belastungen beobachtet werden kann. Die einfach schraffierten Bereiche enthalten eindeutige energiereiche stationäre Zustände. Innerhalb der doppelt schraffierten Regionen tritt Multistabilität auf. Der verbleibende Bereich enthält eindeutige energiearme Stationärzustände.
Kontrollparameter: $V_{PK} = 7{,}5$ U/ml; ([ATP] + [ADP] + [AMP])$_{IN}$ = 3,3 mM; [PEP]$_{IN}$ = 6,4 mM; ([F6P] + [G6P]$_{IN}$) = 8,7 mM
A) Projektion bezüglich der Phosphofruktokinasekonzentration und der Energieladung der Influxlösung, $\tau_A = 40$ Minuten.
B) Projektion bezüglich der Phosphofruktokonzentration und der Austauschzeit (Energieladung)$_{IN}$ = 1.

Das Überschreiten der Grenzen dieses Bereichs führt zum Zusammenbruch der Energiestabilisierung und zur Einstellung eines eindeutigen energiearmen Stationärzustands. Die hysteretischen Eigenschaften des Systems finden ihren Ausdruck darin, daß das Reaktionsnetz auch dann in energiearmen stationären Zuständen verharrt, wenn die Belastung verringert wird. Erst das Überschreiten eines alternativen Bifurkationspunkts führt wieder zu energiereichen stationären Zuständen.

4.2.2.2. Experimenteller Nachweis der Selbststabilisierung der Energieladung

Die in diesem Abschnitt vorgestellten Ergebnisse demonstrieren die Homöostase der Energieladung bei Variationen der Konzentration der Phosphofruktokinase im Reaktor, der Energieladung der Influxlösung und der Austauschzeit.

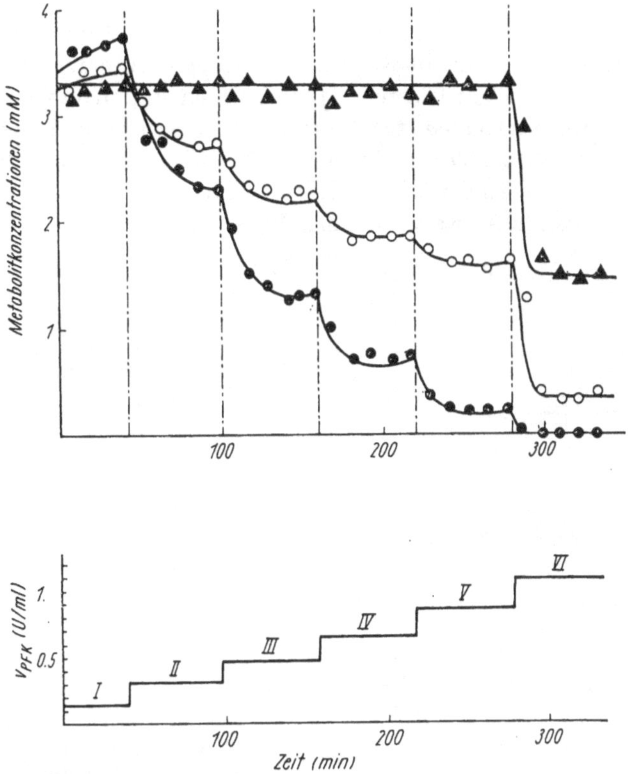

Abb. 27 Stabilisierung der Energieladung bei Variation der Phosphofruktokinasekonzentration im Reaktor.

▲: ATP; ●: [PEP]; ○: ([F6P] + [G6P])/2

Kontrollparameter: $V_{PK} = 8{,}2$ U/ml; $[ATP]_{IN} = 3{,}3$ mM; $[PEP]_{IN} = 6{,}4$ mM; $([F6P] + [G6P])_{IN} = 9{,}5$ mM; $\tau_A = 40$ Minuten

Phase I: $V_{PFK} = 0{,}15$ U/ml
Phase II: $V_{PFK} = 0{,}3$ U/ml
Phase III: $V_{PFK} = 0{,}48$ U/ml
Phase IV: $V_{PFK} = 0{,}65$ U/ml
Phase V: $V_{PFK} = 0{,}84$ U/ml
Phase VI: $V_{PFK} = 1{,}08$ U/ml

Die Phosphofruktokinase verbraucht ATP und wirkt deshalb als „innere" Belastung des Systems. Die abnehmende Energieladung in der Influxlösung ist eine „äußere Belastung". Variationen der Austauschzeit verändern das Gewicht des Stoffaustauschs in bezug auf die Stoffumwandlungen im Reaktionsraum und charakterisieren die Wechselwirkung des Systems mit seiner Umgebung.

Abb. 27 zeigt das Ergebnis eines Experiments, in dessen Verlauf die Konzentration der Phosphofruktokinase im Reaktor stufenweise erhöht wurde. In Phase I stellt sich ein energiereicher stationärer Zustand ein. Zu Beginn der Phase II wurde eine definierte Menge immobilisierte Phosphofruktokinase in den Reaktor injiziert. Dies führt zur Einstellung eines neuen stationären Zustands. Während die Konzentrationen der Hexosemonophosphate und des Phosphoenolpyruvats deutlich abnehmen, bleibt die ATP-Konzentration im Reaktor praktisch unverändert. In den Phasen III bis VI wurde die Maximalaktivität der Phosphofruktokinase weiter erhöht. In den Phasen III bis V

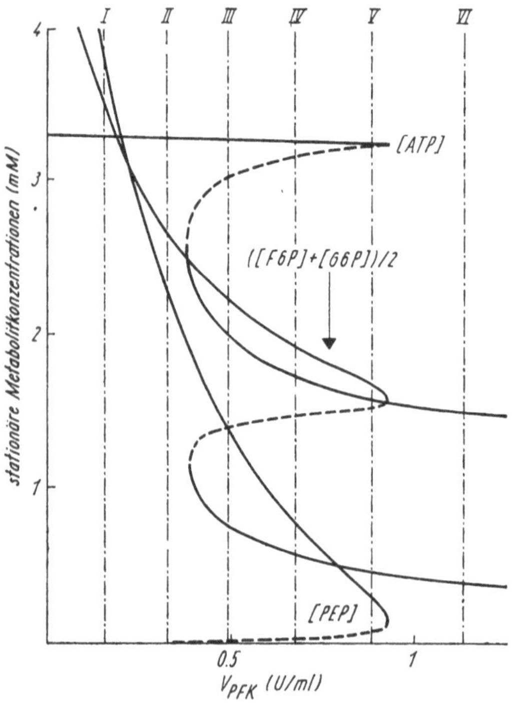

Abb. 28 Steady-state-Kurven. Die Abhängigkeiten der stationären Konzentrationen von ATP sowie der Hexosemonophosphate und des Phosphoenolpyruvats von der Phosphofruktokinasekonzentration wurden mit Hilfe der Kontrollparameter des in Abb. 27 dargestellten Experiments berechnet. Die Senkrechten markieren die Phosphofruktokinasekonzentrationen in den Phasen des Experiments.

stellen sich jeweils energiereiche stationäre Zustände (S_H) ein, deren ATP-Konzentration praktisch konstant bleibt. Eine weitere Erhöhung der Konzentration der Phosphofruktokinase in Phase VI führt zu einer schnellen und drastischen Abnahme der ATP-Konzentration, die die Bewegung zu einem eindeutig energiearmen Zustand (S_L) bewirkt.

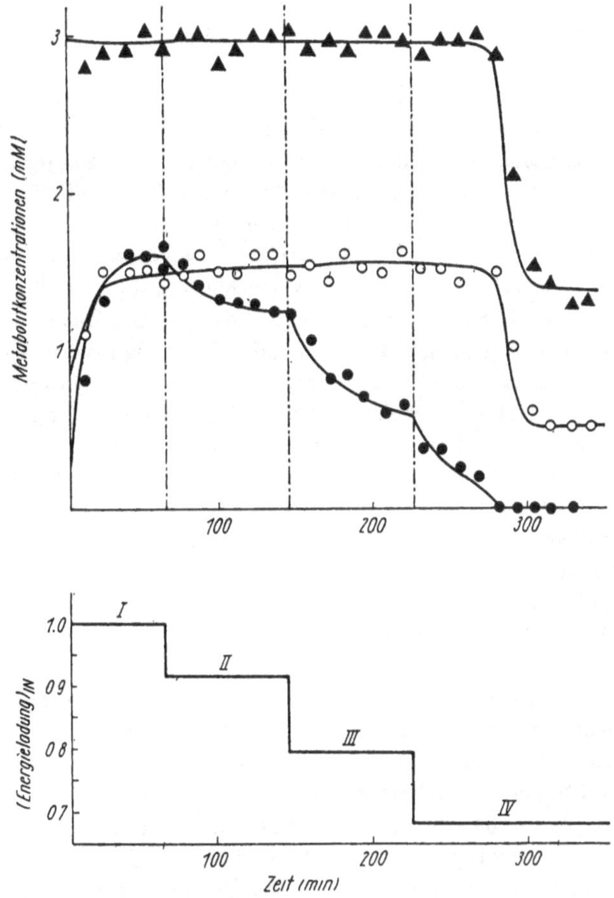

Abb. 29 Stabilisierung der Energieladung bei Variation der Energieladung der Influxlösung
▲: [ATP]; ●: [PEP]; ○: ([F6P] + [G6P])/2
Kontrollparameter: $V_{PFK} = 0{,}8$ U/ml; $V_{PK} = 7$ U/ml; $[ATP]_{IN} = 3$ mM; $[PEP]_{IN} = 6{,}4$ mM; $([F6P] + [G6P])_{IN} = 7{,}8$ mM; $\tau_A = 40$ Minuten
Phase I: $(\text{Energieladung})_{IN} = 1{,}0$
Phase II: $(\text{Energieladung})_{IN} = 0{,}92$
Phase III: $(\text{Energieladung})_{IN} = 0{,}79$
Phase IV: $(\text{Energieladung})_{IN} = 0{,}67$

Die experimentellen Ergebnisse können mit Hilfe der in Abb. 28 gezeigten steady-state-Kurven interpretiert werden. In den Phasen I und II stellen sich eindeutige energiereiche stationäre Zustände ein. In den Phasen III bis V befindet sich das Reaktionssystem im Bereich multistabiler Zustände. Entsprechend seiner Vorgeschichte (energiereicher Zustand in Phase II) verblieb das System auf dem Ast der energiereichen stationären Zustände. Beim Übergang von Phase V zu VI wurde ein Bifurkationspunkt (V_{PFK} = 0,03 U/ml) überschritten. Das System bewegte sich nun zu dem eindeutigen energiearmen stationären Zustand (S_L) hin.

Abb. 29 zeigt die Ergebnisse eines Experiments, in dessen Verlauf die Energieladung der Influxlösung schrittweise verringert wurde. In Phase I stellt sich ein energiereicher stationärer Zustand ein. In den Phasen II und III wurden Stationärzustände mit verringerten Hexosemonophosphat- und Phosphoenolpyruvatkonzentrationen erreicht, ohne daß sich die ATP-Konzentration im Reaktor meßbar verändert. In Phase IV springt das System in einen energiearmen stationären Zustand (S_L). Die steady-state-Kurven (in Abb. 29B) zeigen, daß in den Phasen I und II eindeutige energiereiche stationäre Zustände erreicht wurden. In Phase III befand sich das Reaktionsnetz im Bereich multipler stationärer Zustände. Das hysteretische Verhalten des Systems findet in der Erhaltung des energiereichen Charakters des Stationärzustands seinen Ausdruck. In Phase IV wurde die Kapazität der Energiestabilisierung überschritten. Der Zeitbedarf für die Einstellung der neuen stationären Zustände in den jeweiligen Phasen des Experiments war deutlich größer als bei den Veränderungen der Phosphofruktokinasekonzentration (siehe Abb. 23). Die Ursache dafür ist die Veränderung des Pools des enzymatisch übertragbaren Phosphats (Gleichung (22)) bei Änderungen der Energieladung der Influxlösung. Der verzögerte Abfall der ATP-Konzentration in Phase IV beruht auf der relativ großen stationären Konzentration von Phosphoenolpyruvat in Phase III, die den großen Abstand des in Phase III eingestellten stationären Zustands von dem Bifurkationspunkt widerspiegelt. Die Bewegung zu dem in Phase IV eingenommenen energiearmen stationären Zustand führt zu Beginn der Phase IV etwa 70 Minuten lang zu Übergangszuständen, die energiereichen stationären Zuständen (S_H) im Sinne von Abb. 10B zugeordnet werden können. Dieser reversible Anteil der Bewegung entspricht etwa einer Verschiebung des Zustands auf den in Abb. 30 dargestellten Kontrollkurven bis zum Bifurkationspunkt und kann als eine Übergangsstabilisierung der Energieladung interpretiert werden.

Abb. 31 zeigt die Resultate eines Experiments, in dessen Verlauf die Austauschzeit stufenweise vergrößert wurde. Die experimentellen Bedingungen in Phase I des Versuchs gehören zu dem Bereich von Kontrollparametern, in dem alternative stationäre Bewegungszustände auftreten. Die Startbedingungen entsprechen einem Übergangszustand im Einzugsbereich des energiereichen Stationärzustands. In den Phasen II und III hält das System eine hohe ATP-

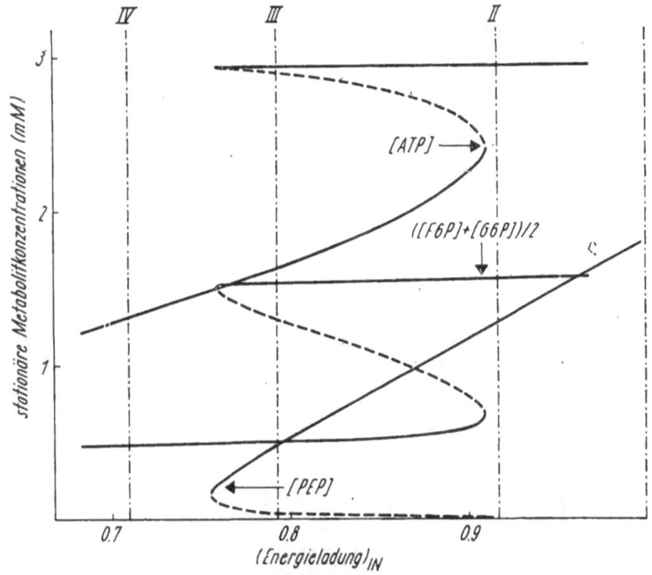

Abb. 30 Steady-state-Kurven. Die Abhängigkeiten der stationären Konzentrationen von ATP sowie der Hexosemonophosphate und des Phosphoenolpyruvates von der Energieladung der Influxlösung wurden mit Hilfe der Kontrollparameter des in Abb. 29 beschriebenen Experiments berechnet. Die Senkrechten markieren die Energieladung der Influxlösung in den Phasen des Experiments

Konzentration aufrecht. In Phase IV erfolgt nach einer ausgeprägten „Übergangs-Stabilisierung" das Umschalten auf einen energiearmen stationären Zustand.

Die steady-state-Kurven in Abb. 32 zeigen, daß sich das System in den Phasen I bis II in der Multistabilitätsregion befindet. Die Einstellzeiten der einzelnen Stationärzustände waren kurz, da Veränderungen der Austauschzeit keinen Einfluß auf die Metabolitpools (Gleichungen (19)–(22)) haben. Die Übergangsstabilisierung in Phase IV wird durch den großen Abstand des energiereichen stationären Zustands in Phase III vom Bifurkationspunkt bei $\tau_A = 60$ Minuten verursacht.

4.2.2.3. *Mechanismus der ATP-Stabilisierung*

Im Abschnitt 4.2.2.2. wurde die Stabilisierung der stationären Energieladung in bezug auf Vergrößerungen des ATP-Verbrauchs (V_{PFK}), verringerte Energiezufuhr durch Variation der Energieladung der Influxlösung und durch Veränderungen der Austauschzeit (τ_A) experimentell untersucht.

Der Beziehung von ATP-Stabilisierung und Multistationarität wurde in 3.5.

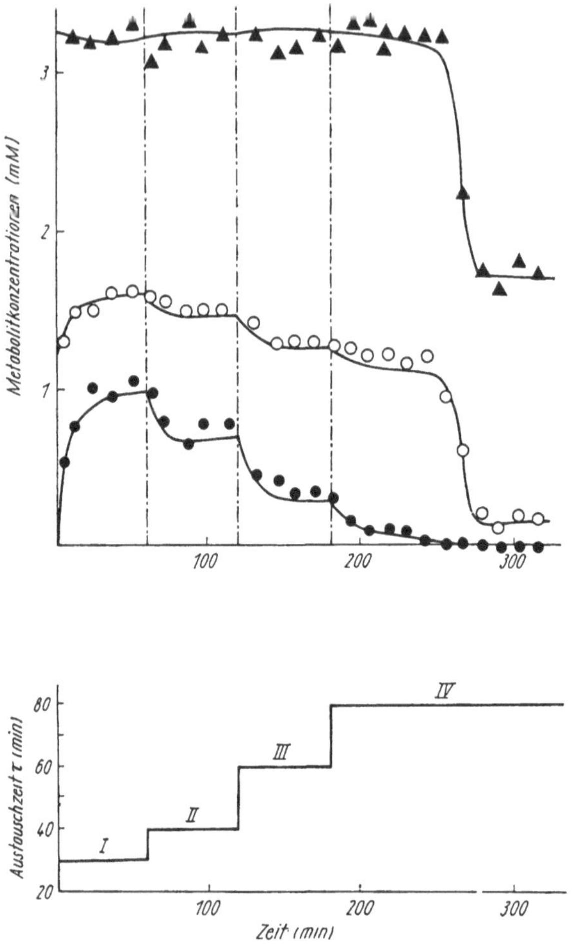

Abb. 31 Stabilisierung der Energieladung bei Variation der Austauschzeit.
▲: [ATP]; ●: [PEP]; ○: ([F6P] + [G6P])/2
Kontrollparameter: $V_{PFK} = 1$ U/ml; $V_{PK} = 7{,}5$ U/ml; $[ATP]_{IN} = 3{,}3$ mM; $[PEP]_{IN} = 6{,}4$ mM; $([F6P] + [G6P])_{IN} = 8{,}7$ mM
Phase I: $\tau_A = 30$ Minuten
Phase II: $\tau_A = 40$ Minuten
Phase III: $\tau_A = 60$ Minuten
Phase IV: $\tau_A = 80$ Minuten

beschrieben. Formal wird die ATP-Homöostase auf Kosten des Substrats Phosphoenolpyruvat erreicht, das in den energiestabilisierten stationären Zuständen starken Variationen unterworfen ist. Belastungen wirken dabei primär auf die ATP-Konzentration. Kleine Erniedrigungen der ATP-Konzentra-

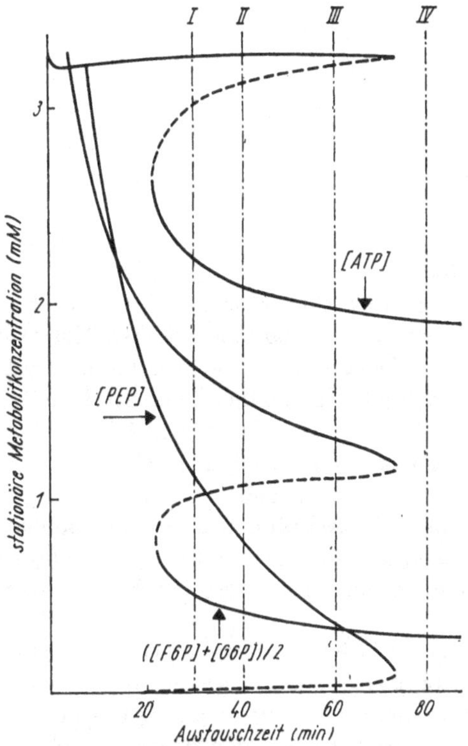

Abb. 32 Steady-state-Kurven. Die Abhängigkeit der stationären Metabolitkonzentrationen von der Austauschzeit wurden mit Hilfe der Kontrollparameter des in Abb. 31 dargestellten Experiments berechnet. Die Senkrechten markieren die Austauschzeiten in den einzelnen Phasen des Experiments.

tion im Bereich hoher Energieladungen führen zu großen relativen Veränderungen der Signalmetabolite AMP und ADP, die starke Erhöhungen der Reaktionsgeschwindigkeiten der Phosphofruktokinase und der Pyruvatkinase verursachen. ATP-Stabilisierung setzt eine hohe Sensitivität der ADP-Phosphorylierung in bezug auf den Signalmetaboliten ADP voraus und ist deshalb an große Maximalaktivitäten des Enzyms Pyruvatkinase gebunden (siehe Abschnitt 3.4. und Anhang II). Dieser Zusammenhang ist auch für die Korrelation von Multistationarität und Energiestabilisierung entscheidend.

Durch die Erhöhung der Pyruvatkinaseaktivität wird die Ausnutzung des Phosphoenolpyruvats verbessert. Erschöpfungen dieser dynamischen Energiereserve führen zum Zusammenbruch der Energiestabilisierung. In demjenigen Parameterbereich, in dem alternative stationäre Zustände auftreten, ist dieser Übergang zu nichtstabilisierten Zuständen mit dem Überschreiten eines kritischen Parameterpunkts und dem Auftreten energiearmer stationärer Zustände verbunden.

5. Diskussion

Konventionelle Lehrbuchdarstellungen der Regulation des zellulären Stoffwechsels beziehen sich meistens auf stationäre Zustände. Die Regulation wird dabei, einer wichtigen Einsicht CANNONS folgend [86], in bezug auf die Homöostase wichtiger Stoffwechselleistungen und Stoffwechselparameter dargestellt. Eine Schlüsselfunktion in diesen Diskussionen nehmen die allosterischen Enzyme ein, deren Modulation durch Effektoren wichtige Wechselbeziehungen des Stoffwechsels widerspiegeln [79, 56].

Diesem leistungsfähigen Konzept regulatorischer Enzyme (Schrittmacherenzyme) stehen eine große Anzahl experimenteller und theoretischer Resultate gegenüber, die die Bedeutung von Instabilitäten und nichtlinearen Kontrollmechanismen aufzeigen [2, 26]. Diese Befunde sind an die offene Struktur der untersuchten Systeme, an Reaktionsbedingungen, die Ungleichgewichtszustände erzwingen, und an die Existenz nichtlinearer dynamischer Wechselwirkungen gebunden [3, 4]. Dabei wurde deutlich, daß diese Erscheinungen von grundlegender Bedeutung für die zeitliche und räumliche Organisation des Stoffwechsels sind und auch als die eigentliche Grundlage für oft im Rahmen „statischer" Argumentationen behandelte Phänomen angesehen werden müssen [14, 20–22].

Zu den fundamentalen Möglichkeiten nichtlinearer Systeme gehören neben Oszillationen [1, 12] die Ausbildung alternativer stationärer Zustände, die mit der Erscheinung der dynamischen Hysterese verbunden sind. Das wohl vertrauteste Beispiel alternativer Zustände begegnet uns in den Hystereseschleifen ferromagnetischer Stoffe. Die Erscheinung der Hysterese ist von EMIL WARBURG erforscht und als mehrdeutige, von der Magnetisierungsvorgeschichte abhängige Reaktionen von Magneten auf Änderungen elektrischer Felder beschrieben worden [87]. Es ist ein Verdienst A. KATCHALSKYS, die fundamentale Bedeutung der Hysterese für biologische Erscheinungen erkannt zu haben [88]. Modelle mit alternativen stationären Zuständen gibt es für den zellulären Energiestoffwechsel, für die Erregung von Membranen, für das Gedächtnis, für Differenzierungsvorgänge, für die biologische Evolution und auch für das Verhalten einzelner biologischer Makromoleküle [20–22, 27–33, 2–4]. Experimentell wurde Hysterese zum Beispiel in Untersuchungen an Nervenmembranen nachgewiesen [89, 90]. Ihre Existenz in Stoffwechselwegen ist dagegen aus indirekten Belegen, wie ungedämpften Oszillationen, abgeleitet.

Es scheint möglich, Ergebnisse von GRINWALD et al. in diesem Sinne zu deuten [35]. Diese experimentellen Untersuchungen zum Erholungsverhalten des Herzmuskels nach Störungen der Substratversorgung zeigen, daß die komplexe experimentelle Situation und das Fehlen geeigneter Modellverstellungen die Interpretation der erhaltenen experimentellen Resultate erschwert.

Es ist deutlich, daß experimentelle Studien zur Stoffwechselregulation in Organen, Zellen und zellfreien Extrakten die Vielfalt möglicher stationärer

Bewegungsformen und auch die Existenz bewegter Attraktoren [26, 72] berücksichtigen müssen, um zu verläßlichen Aussagen zu führen.

Eine wirksame experimentelle Alternative ist die Untersuchung rekonstituierter Teilsysteme des Stoffwechsels unter Durchflußbedingungen im thermodynamischen Ungleichgewicht. Solche Systeme sind zur Analyse der koordinierten Kontrolle von Enzymreaktionen in Stoffwechselnetzen verwendet worden [80, 81, 91–102]. Der hierarchische Aufbau rekonstituierter Enzymsysteme ist in vielen Fällen einer mathematischen Modellierung zugänglich. Diese Modelle stützen sich auf Aussagen über die kinetischen Eigenschaften der integrierten Enzyme und von experimentell untersuchten Teilsystemen [26, 57]. Anfangskinetiken [57] und Bindungsstudien einzelner Enzyme führen dabei nur selten zu den benötigten Informationen, vielmehr muß das kinetische Verhalten der Enzyme als Funktion der essentiellen Variablen im Metabolitverband der untersuchten Systeme. Modellierungen, die sich auf zum Zweck der Mechanismusaufklärung erarbeitete kinetische Untersuchungen stützen, können zu unrichtigen Folgerungen führen [41, 97].

So wurden in [41] auf der Grundlage eines kinetischen Modells für die Phosphofruktokinase aus E. coli [103] abgeleitet, daß die kinetischen Wechselwirkungen von Phosphofruktokinase und Pyruvatkinase zu ungedämpften Oszillationen Anlaß geben. Experimentelle Untersuchungen führten jedoch nicht zu diesem Ergebnis. Eine initialkinetische Analyse der Phosphofruktokinase aus E. coli zeigte, daß die kinetische Interaktion von ADP und Phosphoenolpyruvat in dem für die Dynamik des rekonstituierten Enzymsystems wichtigen Bereich von Metabolitkonzentrationen qualitativ von den aus [103] abgeleiteten Vorhersagen verschieden ist.

Eine Variante eines rekonstituierten Enzymsystems ist von Horn und Mitarbeitern entwickelt worden [95–97]. In diesen Untersuchungen wird ein im Sinne der Substratversorgung offener Reaktionsraum verwendet und eine Akkumulation der Stoffwechselendprodukte zugelassen. Im Reaktionsraum wird die Geschwindigkeit einer Reaktion durch Kopplung an eine pyridinnucleotidabhängige Reaktion gemessen und die Geschwindigkeit der Substratversorgung an dieser Geschwindigkeit orientiert. Dadurch kann die Konzentration eines Metaboliten oder einer Gruppe von Reaktanten konstant gehalten werden. Diese als „Substrat-Stat"-Methode bezeichnete Technik kann zur Untersuchung einzelner Enzyme, aber auch größerer Reaktionsnetze eingesetzt werden. Im Vergleich zu der in dieser Arbeit vorgestellten Methode kann auf eine Immobilisierung der Enzyme verzichtet werden. Diesem experimentellen Gewinn stehen eine relativ geringe Information über das System (Messung nur einer Geschwindigkeit) und Probleme, die durch die Akkumulation von Endprodukten im Reaktionsraum entstehen, gegenüber.

In [97] wurde ein aus Phosphofruktokinase und Pyruvatkinase bestehendes Reaktionsmodell untersucht und eine inverse Abhängigkeit der Geschwindigkeit der Pyruvatkinase von der eingesetzten Konzentration dieses Enzyms nachgewiesen (siehe Abschnitt 4.1.).

Die mathematische Modellierung zeigt die Korrelation dieses paradoxen Verhaltens der Pyruvatkinase zu der ATP-Hemmbarkeit der Phosphofruktokinase [45, 97]. Bei der quantitativen Analyse der Experimente wurden Unterschiede im dynamischen Verhalten der Phosphofruktokinase in einem Ein-Enzym-System und bei Kooperation mit der Pyruvatkinase deutlich, die qualitativ durch den Einfluß des ADP auf die Phosphofruktokinase gedeutet werden können [97].

Die Arbeiten der Gruppe von THOMAS sind auf die Untersuchung der Interaktion von Enzymreaktionen mit Diffusionsprozessen gerichtet. In [28, 37, 98, 102] werden rekonstituierte Enzymsysteme untersucht, in denen regulatorische Enzyme des Zellstoffwechsels kovalent an inaktive Proteine (Albumin, Gelatine) gebunden und in Proteinmembranen integriert wurden. In einem Reaktionsmodell, daß als einziges Enzym die Muskel-Phosphofruktokinase enthält, konnten gedämpfte Oszillationen durch Störungen der ATP-Konzentration induziert werden. Die beobachteten Phänomene konnten im Rahmen eines Reaktions-Diffusions-Modells qualitativ beschrieben werden.

6. Schlußfolgerungen und Ausblick

In der vorliegenden Arbeit wurde ein aus den Enzymen Phosphofruktokinase Pyruvatkinase, Glukose-6-phosphat-Isomerase und Adenylatkinase rekonstituiertes Enzymsystem unter offenen Reaktionsbedingungen untersucht. Dabei konnte erstmals die Existenz alternativer stationärer Bewegungszustände in einem glykolytischen Enzymsystem experimentell nachgewiesen werden. Die Korrelation von Multistationarität zu der Selbststabilisierung der Energieladung des Adenylatsystems wurde experimentell untersucht.

Die erhaltenen dynamischen Strukturen sind von den allosterischen Eigenschaften der Phosphofruktokinase abhängig. Für das Auftreten instabiler Zustände ist besonders die kinetische Modulation des Enzyms durch die Adeninnukleotide bedeutsam [16, 40]. Die sigmoide Kinetik bezüglich des Substrats Fruktose-6-phosphat hat eine stabilisierende Wirkung und begrenzt in diesem Sinne die dynamischen Möglichkeiten des Reaktionssystems [40, 41]. Das Produkt Fruktose-1,6-bisphosphat gehört bei den verwendeten experimentellen Bedingungen zu den stummen Reaktanten: Weder Anfangskinetiken der Hefe-Phosphofruktokinase noch die in dieserArbeit dargestellten experimentellen Ergebnisse brachten Hinweise auf einen signifikanten Einfluß dieses Metaboliten. Neuere theoretische Arbeiten zur Dynamik des zellulären Energiestoffwechsels weisen aber der antagonistischen Modulation der Phosphofruktokinase und der Fruktose-1,6-bisphosphatase durch Fruktose-1,6-bisphosphat einen entscheidenden Einfluß bei der zeitlichen Organisation des Zellstoffwechsels zu [13–15]. Die experimentelle Untersuchung dieser Interaktion in einem rekonstituierten Enzymsystem erfordert die Integration der Fruktose-1,6-bisphosphatase und die Wahl von Bedingungen, die zu einer Fruktose-1,6-bisphosphat-Sensitivität der Phosphofruktokinase führen.

In neueren Arbeiten [104, 105] wurde die stark aktivierende Wirkung des Fruktose-2,6-bisphosphats auf tierische Phosphofruktokinasen und auch auf die Hefe-Phosphofruktokinase aufgezeigt. Die physiologische Bedeutung dieses Effekts bedürfen noch einer weiteren Klärung. Im Rahmen des vorgestellten experimentellen und theoretischen Herangehens sollen diese Fragen bearbeitet werden.

Es ist bemerkenswert, daß in dem beschriebenen System keine ungedämpften Oszillationen beobachtet werden konnten. Theoretische Untersuchungen auf der Grundlage des dargestellten mathematischen Modells zeigten, daß die kinetischen Eigenschaften der Phosphofruktokinase das oszillatorische Verhalten auf einen sehr kleinen Bereich von experimentellen Parametern beschränken. Diesem Ergebnis stehen eine große Anzahl experimenteller Befunde zu Metabolitoszillationen in Zellen und Zellextrakten gegenüber, deren Auftreten mit den kinetischen Eigenschaften der Phosphofruktokinase in Verbindung gebracht wird [1, 2, 12, 16]. An der experimentellen und theoretischen Untersuchung dieser Probleme wird gegenwärtig in unserem Laboratorium gearbeitet.

Anhang I

Alternative stationäre Zustände in einem vereinfachten Reaktionsmodell

In diesem Abschnitt soll das Auftreten alternativer stationärer Zustände anhand eines vereinfachten Reaktionsmodells erläutert werden. Das dem Beispiel zugrunde liegende Reaktionsschema ist in (I.1) dargestellt.

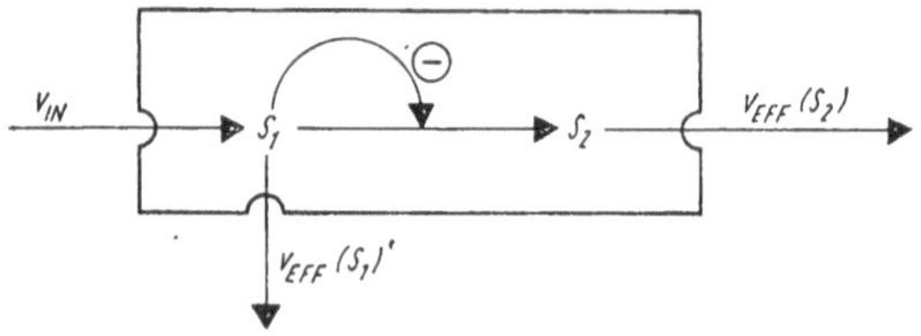

(I.1)

Wir nehmen an, daß das offene Reaktionssystem mit dem Substrat S_1 aus einem äußeren Reservoir versorgt wird, in dem es mit der Konzentration $[S_1]_{IN}$ vorliegt:

$$v_{IN}[S_1] = [S_1]_{IN}\tau_A \,. \tag{I.2}$$

Für den Efflux der Reaktanten S_1 und S_2 aus dem Reaktionsraum gelte:

$$v_{EFF}(S_1) = [S_1]/\tau_A, \qquad v_{EFF}(S_2) = [s_2] = [S_2]/\tau_A \,. \tag{I.3}$$

Im homogenen Reaktionsraum wird S_1 in das Produkt S_2 umgewandelt. Die Geschwindigkeit dieser irreversiblen enzymatischen Umwandlung beschreiben wir durch Gleichung (I.4):

$$v = V_M \cdot \frac{[S_1]/K_M}{(1 + [S_1]/K_M + ([S_1]/K_I)^2)} \tag{I.4}$$

Diese steady-state-Geschwindigkeitsgleichung enthält neben der Maximalaktivität V_M und der die Substrataffinität beschreibenden Michaeliskonstanten K_M einen Parameter K_I, der die Stärke der Substrathemmung charakterisiert [57]. Die Kinetik des Systems wird durch Bilanzgleichungen für die Metabolitkonzentrationen $[S_1]$ und $[S_2]$ beschrieben.

$$\frac{d[S_1]}{dt} = ([S_1]_{IN} - [S_1])/\tau_A - v \tag{I.5}$$

$$\frac{d[S_2]}{dt} = - [S_2]/\tau_A + v \tag{I.6}$$

Aus [5] und [6] gewinnt man eine Gleichung für die totale Konzentration der Metabolite im Reaktionsraum:

$$\frac{d}{dt}([S_1] + [S_2]) = ([S_1]_{IN} - ([S_1] + [S_2]))/\tau_A \tag{I.7}$$

Die Ersetzung von Gleichung (I.6) durch Gleichung (I.7) führt zu einer Beschreibung der Kinetik durch nicht gekoppelte Differentialgleichungen und zeigt, daß die nichtlineare Bewegung auf eine Dimension beschränkt ist. Für die mathematische Analyse ist es zweckmäßig, mit dimensionslosen Größen zu arbeiten [65].

Mit

$$\sigma_1 = [S_1]/K_M; \quad \sigma = ([S_1] + [S_2])/K_M; \quad \tau = t/\tau_A \tag{I.8}$$

erhält man

$$\frac{d\sigma_1}{d\tau} = (\sigma_{10} - \sigma_1) - \nu_0 \frac{\sigma_1}{(1 + \sigma_1 + (C \cdot \sigma_1)^2)} \tag{I.9}$$

$$\frac{d\sigma}{d\tau} = (\sigma_{10} - \sigma) \tag{I.10}$$

Die Gleichungen enthalten zwei Variable (σ_1 und σ_{10}), die Modellzeit τ und drei dimensionslose Kontrollparameter:

$$\sigma_{10} = (S_1)_{IN} K_M; \ \nu_M \cdot \tau/K_M; \ c = K_M/K_I; \ \nu_M = \mathrm{V} \cdot \tau/\mathrm{K_M} \tag{I.11}$$

Die Überführung der Variablen und Parameter in dimensionslose Größen verringert die Anzahl der unabhängigen Parameter und führt zu einer Vereinfachung der mathematischen Struktur [65]. Aus den Gleichungen (9) und (10) erhält man die stationären Lösungen des Modells. Aus (10) ergibt sich unmittelbar

$$\bar{\sigma} = \sigma_{10}. \tag{I.12}$$

Die Differentialgleichung (I.9) führt zu einer algebraischen Gleichung dritten Grades für $\bar{\sigma}_1$. Es können deshalb in Abhängigkeit von den Kontrollparametern (I.11) eine oder drei reelle Lösungen auftreten. Diese Situation ist in der Abb. I.1 dargestellt. Dabei sind die normalisierte Enzymaktivität

$$\nu = \nu_0 \frac{\sigma_1}{(1 + \sigma_1 + (c \cdot \sigma_1)^2)} \tag{I.13}$$

und der den Stoffaustausch charakterisierende Quellterm n $(\sigma_{10} - \sigma_1)$ in Abhängigkeit von σ_1 aufgetragen. Die stationaren Lösungen von Gleichung (9) erhält man als Schnittpunkte dieser Kurven.

Für kleine Maximalaktivitäten des Enzyms ($\nu_0 = 100$) und für große Werte dieses Parameters ($\nu_0 = 500$) schneiden sich die Kurven genau in einem Punkt, d.h. der stationäre Bewegungszustand ist durch die Kontrollparameter eindeutig bestimmt. Für $\nu_0 = 300$ erhält man drei Schnittpunkte (Q_1, Q_2, Q_3), die drei verschiedenen stationären Bewegungszuständen (($\bar{\sigma}_1^1$, $\bar{\sigma}$), ($\bar{\sigma}_1^2$, $\bar{\sigma}$), ($\bar{\sigma}_1^3$, $\bar{\sigma}$)) entsprechen. In Abb. I.2 sind Kontrollcharakteristiken des Systems dargestellt.

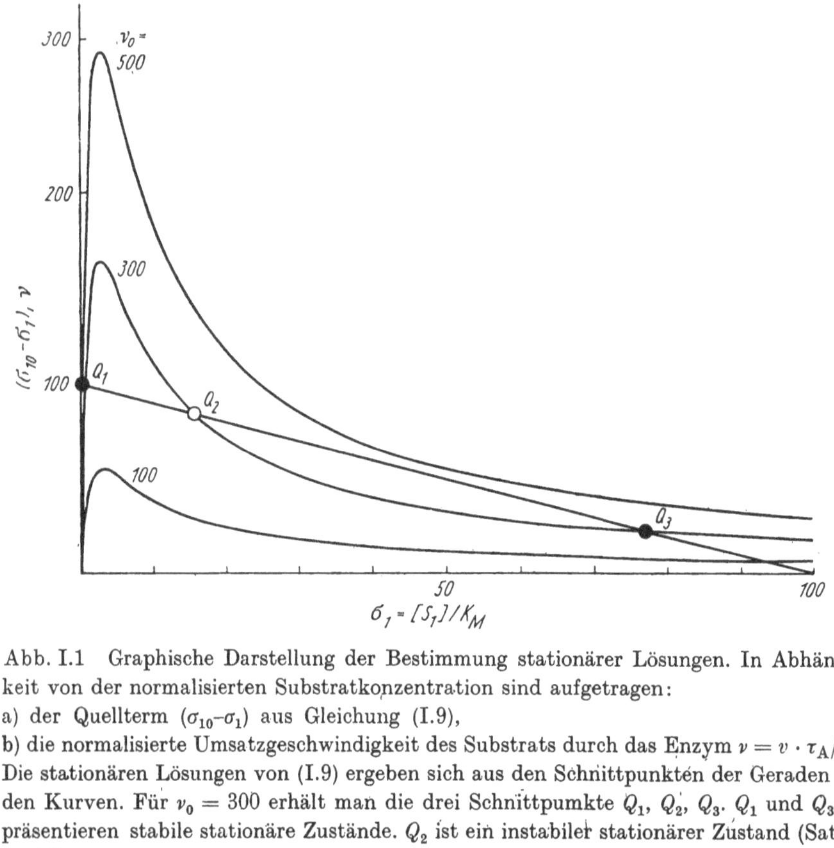

Abb. I.1 Graphische Darstellung der Bestimmung stationärer Lösungen. In Abhängigkeit von der normalisierten Substratkonzentration sind aufgetragen:

a) der Quellterm (σ_{10}-σ_1) aus Gleichung (I.9),

b) die normalisierte Umsatzgeschwindigkeit des Substrats durch das Enzym $\nu = v \cdot \tau_A/\chi_M$.

Die stationären Lösungen von (I.9) ergeben sich aus den Schnittpunkten der Geraden mit den Kurven. Für $\nu_0 = 300$ erhält man die drei Schnittpumkte Q_1, Q_2, Q_3. Q_1 und Q_3 repräsentieren stabile stationäre Zustände. Q_2 ist ein instabiler stationärer Zustand (Sattelpunkt).

Kontrollparameter: $\sigma_{10} = 100$, $c = 0{,}4$, $\nu_0 = 100, 300, 500$

Im Bereich alternativer stabiler stationärer Zustände können drei Äste dieser Kurven unterschieden werden, die zu den alternativen stationären Zuständen gehören. Um die lokale asymptotische Stabilität der stationären Zustände zu überprüfen, untersuchen wir die Reaktion des Systems auf kleine Störungen (75, 76).

Mit $\Delta\sigma_1 = \sigma_1 - \bar{\sigma}$ und $\Delta\sigma = \sigma - \bar{\sigma}$ erhält man unter Vernachlässigung von

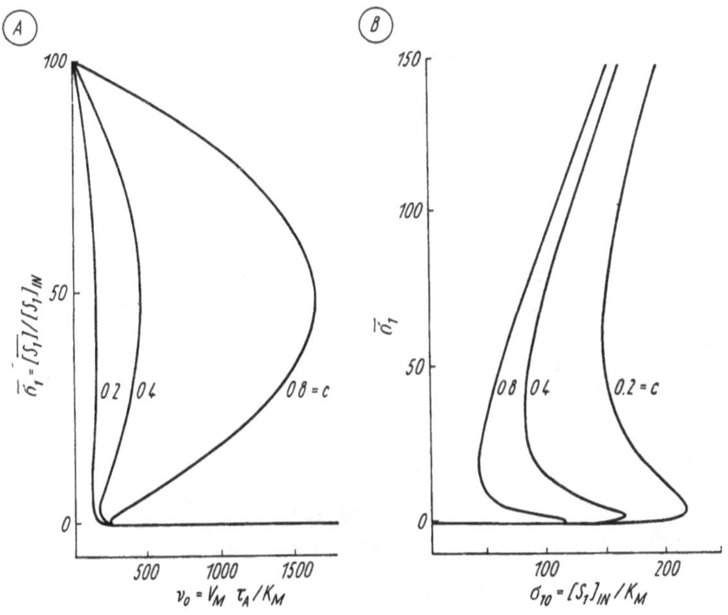

Abb. I.2 Kontrollcharakteristiken des Reaktionsmodells.
A) Darstellung der stationären Substratkonzentration $\bar{\sigma}_1$ in Abhängigkeit von der normierten Maximalaktivität des Enzyms $\nu_0 = \frac{V_M \cdot \tau_A}{K_M}$. Die zu $c = 0{,}4$ und $\nu_0 = 100, 200$ und 500 gehörigen stationären Substratkonzentrationen ergeben sich durch Projektion aus Abb. I.1. Kontrollparameter: $c = 0{,}2$, $0{,}4$, $0{,}8$; $\sigma_{10} = 100$
B) Darstellung der stationären Substratkonzentration $\bar{\sigma}_1$ in Abhängigkeit von der normierten Konzentration des Substrats in der Inputlösung σ_{10}.
Kontrollparameter: $\nu_0 = 300$, $c = 0{,}2$, $0{,}4$, $0{,}8$.
Im Bereich des Auftretens alternativer stationärer Zustände können drei Äste der steady-state-Kurven unterschieden werden. Der mittlere Kurvenast repräsentiert jeweils instabile stationäre Zustände.

Gliedern höherer Ordnung: $(\Delta\sigma_1/\bar{\sigma}_1 \ll 1;\ \Delta\sigma/\bar{\sigma} \ll 1)$

$$\frac{d}{dt}(\Delta\sigma_1) = -\left(\frac{\nu_0\,(1 - (C\bar{\sigma}_1)^2)}{(1 + \bar{\sigma}_1 + (C\bar{\sigma}_1)^2)^2} + 1\right)\Delta\sigma_1 \tag{I.14}$$

$$\frac{d}{dt}(\Delta\sigma) = -\Delta\sigma \tag{I.15}$$

Aus Gleichung (I.15) folgt:

$$\Delta\sigma = \Delta\sigma\,(\tau = 0) \cdot \exp\,(-\tau). \tag{I.16}$$

Störungen der totalen Metabolitkonzentration im Reaktionsraum verringern sich asymptotisch, dieser Bewegungsanteil ist dynamisch stabil. Aus Gleichung

(I.14) erhält man

$$\Delta\sigma_1 = \Delta\sigma_1\,(\tau = 0) \cdot \exp\,(\omega\tau) \tag{I.17}$$

mit

$$\omega = \frac{\nu_0\,((C\bar{\sigma}_1)^2 - 1)}{(1 + \bar{\sigma}_1 + (c\bar{\sigma}_1)^2)^2} - 1. \tag{I.18}$$

Die Stabilität dieser Bewegung ist an das Vorzeichen von ω geknüpft. Für $\omega > 0$ wachsen die Störungen exponentiell und die stationären Zustände sind instabil. Aus der Bedingung $\omega = 0$ erhält man die kritischen Parameter, bei denen sich die Stabilitätseigenschaften der stationären Lösungen verändern:

$$\nu_0^* = \frac{(1 + \bar{\sigma}_1 + (C\bar{\sigma}_1)^2)^2}{((C\bar{\sigma}_1)^2 - 1)} \tag{I.19}$$

$$\sigma_{10}^* = \bar{\sigma}_1\,(1 + \frac{(1 + \bar{\sigma}_1 + (C\bar{\sigma}_1)^2)^2}{((C\bar{\sigma}_1)^2 - 1)} \tag{I.20}$$

Man kann zeigen, daß diese Parameter mit den Grenzen des Bereichs, in dem alternative stationäre Zustände auftreten, zusammenfallen. In Abb. I.3. sind

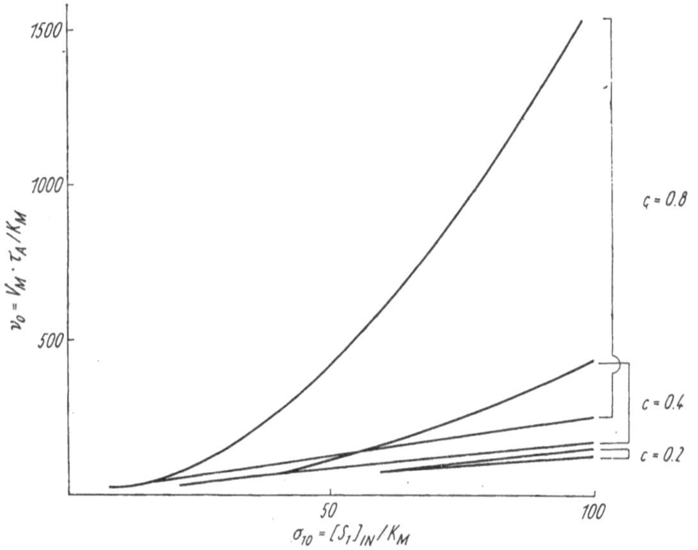

Abb. I.3 Parameterporträt des Reaktionsmodells (1). In Abhängigkeit von den Kontrollparametern σ_{10} und ν_0 sind für verschiedene Werte des die Substrathemmung des Enzyms charakterisierenden Parameters (c) die Grenzen des Bereichs, in dem alternative stabile stationäre Zustände auftreten, aufgetragen. In den abgegrenzten Gebieten treten zwei alternative stabile stationäre Zustände und ein instabiler Sattelpunkt auf. Die eindeutigen stationären Zustände außerhalb dieser Gebiete sind global stabil.
Kontrollparameter: $c = 0{,}2,\ 0{,}4,\ 0{,}8$.

im Raum der Kontrollparameter die Grenzen des Gebiets, in dem Multistabilität auftritt, in bezug auf die Parameter ν_0 und σ_{10} dargestellt.

Die Kurven unterscheiden sich durch die der Berechnung zugrunde gelegte Stärke der Substrathemmung der Reaktion v. Die Größe des Gebiets, in dem alternative stationäre Zustände auftreten, nimmt mit der Stärke der Substrathemmung (c), der Maximalaktivität des Enzyms (ν_0) und der Influxkonzentration des Substrats S_1 (σ_{10}) zu. Die instabilen stationären Zustände sind genau die die mittleren Äste der Kontrollkurven bildenden stationären Zustände (Abb. I.2). Die dynamische Instabilität dieser Zustände kann unmittelbar aus Abb. I.1 abgelesen werden: Es befinde sich das System im Punkt Q_2. In dem stationären Punkt Q_2 sind Influx und Verbrauch des Substrats S_1 in einem dynamischen Gleichgewicht ($d\sigma_1/dt = 0$).

Bei einer Störung mit $\sigma_1 < \bar{\sigma}_1^2$ ist der Substratabbau schneller als der Zufluß. Dadurch verarmt der Reaktionsraum an dem Substrat S_1, bis der stabile stationäre Zustand Q_1 erreicht ist. In ähnlicher Weise zeigt man, daß Störungen mit $\sigma_1 > \bar{\sigma}_1^2$ in einer Akkumulation des Substrats resultieren, die das System zu dem alternativen stabilen Zustand Q_3 führen. Von einem nichtstationären Zustand (σ_1, σ) bewegen sich die Metabolite zu dem Punkt Q_1, wenn $\sigma_1 < \bar{\sigma}_1^2$ ist und zu Q_3, wenn $\sigma_1 > \bar{\sigma}_1^2$ gilt. Dadurch werden in der durch σ_1 und σ gebildeten Phasenebene die Attraktionsbereiche der stabilen stationären Zustände Q_1 und Q_2 definiert. Das Verhalten des Systems ist im Bereich des Auftretens alternativer stationärer Zustände nicht eindeutig durch die Kontrollparameter bestimmt, sondern hängt auch von der Vorgeschichte des Systems ab (dynamische Hysterese [3]). Variationen der Kontrollparameter können zum Überschreiten kritischer Punkte führen, an denen sich das dynamische Verhalten qualitativ verändert (strukturelle Instabilität [3]).

Es sei abschließend bemerkt, daß in diesem Reaktionssystem keine eindeutigen instabilen stationären Zustände (Oszillationen) auftreten können. Diese Beschränkung resultiert aus der Gleichheit der den Stoffaustausch der Reaktanten S_1 und S_2 charakterisierenden Konstanten (τ_A), die zu einer Reduktion der dynamischen Nichtlinearität auf nur eine Dimension führt [40]. In Reaktionsmodellen, die einen selektiven Stoffaustausch enthalten, ist die Bildung der Gleichung (7) nicht möglich. In einem so erweiterten Modellsystem kann eine größere Mannigfaltigkeit dynamischer Strukturen auftreten [37].

ATP-Homöostase als elementare Eigenschaft einfacher Reaktionssysteme

Der Mechanismus der ATP-Homöostase soll an dem in (II.1) dargestellten Reaktionssystem erläutert werden.

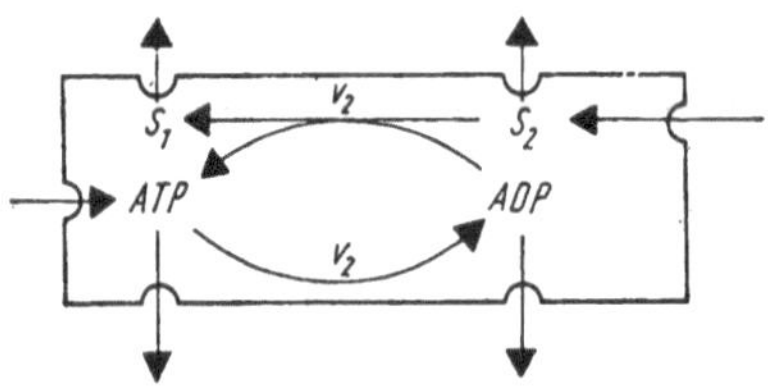

(II.1)

In dem offenen Reaktionsraum wird ATP durch eine ATPase mit der Geschwindigkeit v_1 hydrolysiert:

$$v_1 = k_1 \cdot [\text{ATP}]. \tag{II.2}$$

Das entstehende ADP wird durch eine zweite Reaktion rephosphoryliert.

$$v_2 = k_2 \cdot [\text{ADP}] \cdot [S_2]. \tag{II.3}$$

Die dafür notwendige Energie stammt von dem energiereichen Reaktanten S_2. Wir beschreiben den Stoffaustausch des Systems wie im Hauptteil dieser Arbeit und erhalten die Bilanzgleichungen (II.4 und II.5)

$$\frac{d}{dt}(\text{ATP}) = ([\text{ATP}]_{\text{IN}} - [\text{ATP}])/\tau_{\text{A}} - v_1 + v_2 \tag{II.4}$$

$$\frac{d}{dt}(S_2) = ([S_2]_{\text{IN}} - [S_2])/\tau_{\text{A}} - v_2 \tag{II.5}$$

und die Erhaltungsgleichungen (II.6) und (II.7)

$$[\text{ADP}] + [\text{ATP}] = [\text{ATP}]_{\text{IN}} \tag{II.6}$$

$$[S_1] + [S_2] = [S_2]_{\text{IN}}\,. \tag{II.7}$$

Mit den dimensionslosen Variablen (II.8)

$$\alpha_3 = [\text{ATP}]/[\text{ATP}]_{\text{IN}}; \quad \alpha_2 = [\text{ADP}]/[\text{ATP}]_{\text{IN}} \tag{II.8}$$

$$\sigma_2 = [S_2]/[S_2]_{\text{IN}}; \quad \tau = t/\tau_{\text{A}}$$

und den dimensionslosen Parametern (II.9)

$$\varkappa_1 = k_1 \cdot \tau_A; \quad \varkappa_2 = k_2 \cdot \tau_A \cdot [\mathrm{ATP}]_{\mathrm{IN}} \qquad (\mathrm{II}.9)$$
$$\beta = [\mathrm{S}]_{\mathrm{IN}}/[\mathrm{ATP}]_{\mathrm{IN}}$$

erhält man:

$$\frac{d\alpha_3}{d\tau} = (1 - \alpha_3) - \varkappa_1\alpha_3 + \varkappa_2\beta\alpha_2\sigma_2 \qquad (\mathrm{II}.10)$$

$$\frac{d\sigma_2}{d\tau} = (1 - \sigma_2) - \varkappa_2\beta\alpha_2\sigma_2 \qquad (\mathrm{II}.11)$$

Die Parameter $\varkappa_1$ und $\varkappa_2$ beschreiben die Intensitäten der Reaktionen v_1 und v_2, der Kontrollparameter β charakterisiert die Kapazität des für die Rephosphorylierung zur Verfügung stehenden Substrats und wird als Phospho-

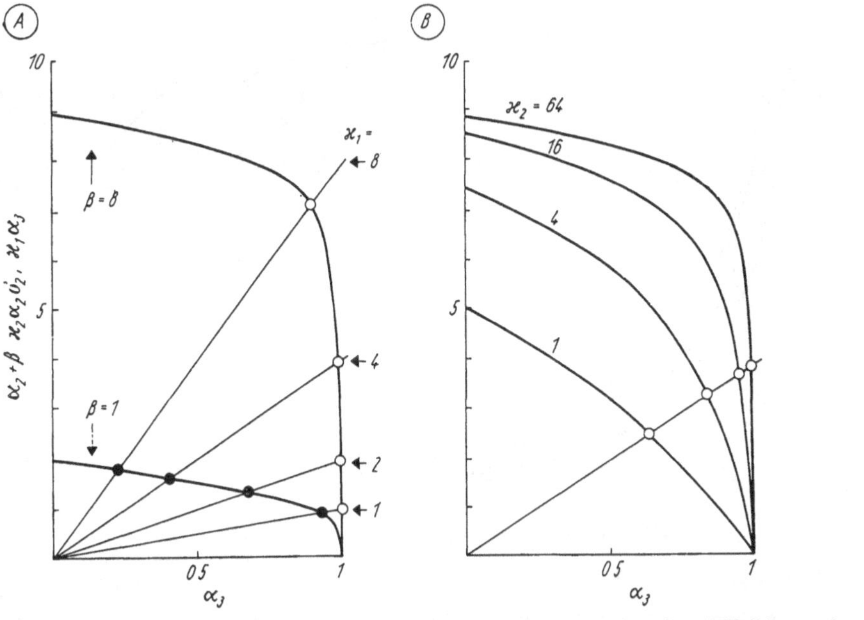

Abb. II. 1 Graphische Ermittlung der stationären Lösungen der die ATP-Bilanz charakterisierenden Gleichung (II.10). In Abhängigkeit von $\alpha_3 = [\mathrm{ATP}]/[\mathrm{ATP}]_{\mathrm{IN}}$ sind dargestellt:
A) die normierte Geschwindigkeit der ATP-Hydrolyse ($\varkappa_1 \cdot \alpha_3$);
B) die normierte Geschwindigkeit der ADP-Phosphorylierung $(\alpha_2 + \beta\varkappa_2\alpha_2/(1 + \varkappa_2\alpha_2))$.
Die stationären Lösungen erhält man aus den Schnittpunkten der Geraden mit den Kurven.
Kontrollparameter:

A) $\varkappa_1 = 1, 2, 4, 8$; $\beta = 1, 8$; $\varkappa_2 = 64$

B) $\varkappa_1 = 4$; $\beta = 8$; $\varkappa_2 = 1, 4, 16, 64$

rylierungspotential bezeichnet. Aus den Gleichungen (II.10) und (II.11) erhält man die stationären Zustände des Modells ($\bar{\alpha}_3$, $\bar{\sigma}_2$). Aus (II.11) folgt:

$$\bar{\sigma}_2 = 1/(1 + \varkappa_2 \bar{\alpha}_2). \tag{II.12}$$

Die Ermittlung der stationären Lösung der Gleichung (II.10) ist in Abb. II.1 veranschaulicht. Man gewinnt die stationäre ATP-Konzentration aus den Schnittpunkten der die ATP-Erzeugung charakterisierenden Funktion ($\alpha_2 + \varkappa_2 \cdot \beta \cdot \alpha_2 \cdot \sigma_2$) mit der die Reaktionsgeschwindigkeit der ATPase beschreibenden Geraden ($\varkappa_1 \cdot \alpha_3$).

In der Abb. II.1A wurden das Phosphorylierungspotential (β) und die Intensität der ATPase-Wirkung ($\varkappa_1$) variiert. Aus der bei einem hohen Phosphorylierungspotential ($\beta = 8$) gewonnenen Kurve erkennt man, daß große Variationen der Intensität der ATPase ($\varkappa_1 < 8$) nur zu geringen Veränderungen

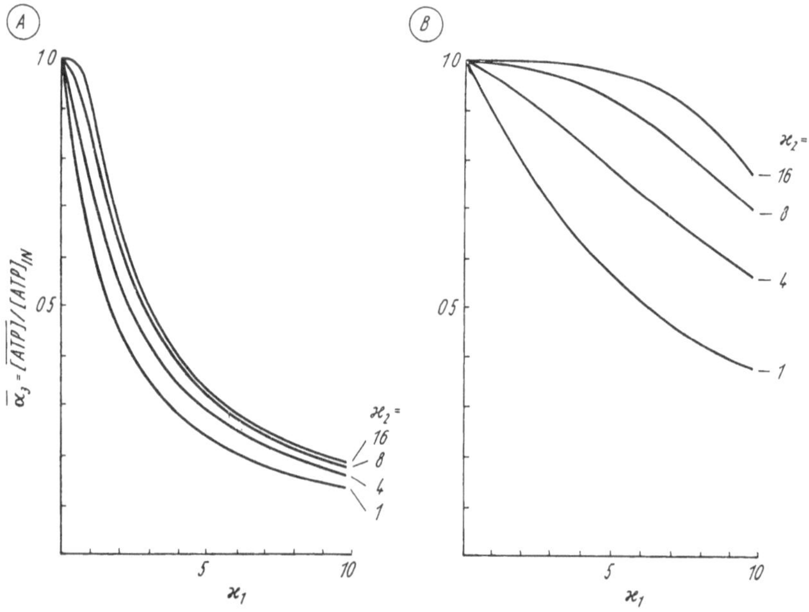

Abb. II.2 Kontrollcharakteristiken des Reaktionsmodells. Darstellung der normierten stationären ATP-Konzentration in Abhängigkeit von der Intensität der ATPase Reaktion ($\varkappa_1$). ATP-Homöostase drückt sich im sigmoidalen Verlauf dieser Kurven und in dem geringen Abfall von $\bar{\alpha}_3$ bei Vergrößerung von $\varkappa_1$ aus. Die in A) und B) dargestellten Kurvenscharen unterscheiden sich durch das der Berechnung zugrunde liegende Phoshorylierungspotential (β), die Kurven unterscheiden sich jeweils durch die Intensität der ADP-Rephosphorylierung ($\varkappa_2$).

A) $\beta = 1$; $\varkappa_2 = 1, 4, 16, 64$

B) $\beta = 8$; $\varkappa_2 = 1, 4, 16, 64$

von $\overline{\alpha}_3$ führen. Die Erhöhung der Geschwindigkeit der ATP-Hydrolyse wird durch eine Vergrößerung der Rephosphorylierungsrate v_2 kompensiert. Die erreichte ATP-Homöostase beruht auf der hohen Sensitivität der Reaktionsgeschwindigkeit v_2 in bezug auf das Substrat α_2. Bei einer weiteren Erhöhung der ATPase-Intensität verschwindet die ATP-Homöostase ($\varkappa_1 > 8$). Eine Vergrößerung der ATPase-Intensität kann in diesem Bereich nicht mehr durch eine Erhöhung der Rephosphorylierungsgeschwindigkeit v_2 kompensiert werden. Die maximal erreichbare Geschwindigkeit v_2 wird durch das zur Verfügung stehende Phosphorylierungspotential (β) begrenzt. Der geringe Anstieg der die Rephosphorylierung charakterisierenden Kurve beruht auf dieser Begrenzung der Geschwindigkeit v_2 durch das Phosphorylierungspotential β. In diesem Bereich von Kontrollparametern erreicht man eine Homöostase der stationären Reaktionsgeschwindigkeiten v_1 und v_2 bei starken Veränderungen von $\overline{\alpha}_3$. Entsprechend gibt es für kleine Phosphorylierungspotentiale ($\beta = 1$) nur in einem kleinen Bereich von $\varkappa_1$ eine wirksame Stabilisierung der stationären ATP-Konzentration.

In Abb. II.1B wurde für konstante Werte von $\varkappa_1$ und β die Intensität der Phosphorylierungsreaktion erhöht. Dadurch wird die wirksame ADP-Sensitivität vergrößert und die Qualität der ATP-Homöostase verbessert. Eine Vergrößerung von $\varkappa_2$ führt jedoch nur zu einer geringen Verbreiterung des Homöostasebereichs, da die maximal erreichbare Rephosphorylierungsgeschwindigkeit ($v_{2,\mathrm{MAX}} = 1 + \beta \cdot \varkappa_2/(1 + \varkappa_2)$) schnell einen Grenzwert erreicht. In Abb. II.2 sind steady-state-Kurven für die normalisierte ATP-Konzentration dargestellt.

Die ATP-Stabilisierung ist in diesem „Belastungsdiagramm" durch das Auftreten eines Plateaus und durch den sigmoidalen Verlauf der Kurven gekennzeichnet. Die Qualität der ATP-Homöostase bei kleinen Belastungen steigt mit der Erhöhung der Phosphorylierungsintensität ($\varkappa_2$). Durch eine Vergrößerung des Phosphorylierungspotentials (β) wird – neben der Verbesserung der Homöostasequalität – auch der Bereich, in dem eine ATP-Stabilisierung auftritt, erweitert. Aus Gleichung (II.9) erkennt man, daß $\varkappa_2$ nur durch eine Erhöhung der Reaktionskonstante k_2 wirksam vergrößert werden kann. Interpretiert man die Gleichung (II.3) als Linearisierung einer CLELAND-Gleichung (57) für kleine Konzentrationen der Substrate ADP und S_2, wird deutlich, daß die ATP-Homöostase von der ADP-Affinität der Rephosphorylierungsreaktion abhängt und durch eine Vergrößerung der Maximalaktivität des phosphorylierenden Enzyms erhöht werden kann (vgl. mit Hauptteil dieser Arbeit).

Literatur

[1] CHANCE, B., PYE, E. K., GHOSH, A. K., HESS, B. (Hrsg.), in: Biological and Biochemical Oscillators, Academic Press, New York (1973).
[2] RAPP, P. E., J. Exp. Biol. 81, 281–306 (1979).
[3] NICOLIS, G., PRIGOGINE, I., Self-Organisation in Non-Equilibrium Systems, Wiley-Interscience, New York (1977).
[4] EBELING, W., Strukturbildung bei irreversiblen Prozessen. Teubner Verlagsgesellschaft, Leipzig (1976).
[5] KNORRE, W. A., Biochem. Biophys. Res. Commun. 31, 812–817 (1968).
[6] KNORRE, W. A., s. Zit. 1, S. 449–457 (1973).
[7] KNORRE, W. A., in: Biokybernetik (Hrsg. Drischel, H. und Tidt, N.) S. 449–457, Fischer Verlag, Jena (1972).
[8] GOODWIN, B. C., Eur. J. Biochem. 10, 515–522 (1969).
[9] BABLOYANTZ, A., SANGLIER, M., FEBS Lett. 23, 364–366 (1972).
[10] SANGLIER, M., NICOLIS, G., Biophys. Chem. 4, 113–118 (1976).
[11] HESS, B., BOITEUX, A., Ann. Rev. Biochem. 40, 237–258 (1971).
[12] GOLDBETER, A., CAPLAN, R., Ann. Rev. Biophys. Bioeng. 5, 449–476 (1976).
[13] SELKOV, E. E., in: Pattern Formation by Dynamic Systems and Pattern Recognition (Hrsg. E. H. Haken), S. 166–174, Springer-Verlag Berlin, Heidelberg, New York (1979).
[14] BOITEUX, A., HESS, B., SELKOV, E. E., in: Curr. Topics in Cellular Regulation (Hrsg. Stadtman, E. R. und Horecker, B). 17, 171–203 (1980).
[15] SELKOV, E. E., Ber. Bunsenges. Phys. Chem. 84, 399–402 (1980).
[16] SELKOV, E. E., Eur. J. Biochem. 4, 79–86 (1968).
[17] SELKOV, E. E., stud. biophys. 33, 167–176 (1972).
[18] SELKOV, E. E., in: Analysis and Simulation of Biochemical Systems (Hrsg. Hemker, H. C. und Hess, B) North-Holland, Amsterdam (1972).
[19] GOLDBETER, A., LEFEVER, R., Biophys. J. 12, 1302–1315 (1972).
[20] SELKOV, E. E., Eur. J. Biochem. 59, 151–157 (1975).
[21] REICH, J. G., SELKOV, E. E., GEIER, Th., DRONOVA, V., stud. biophys. 59, 117–138 (1976).
[22] REICH, J. G., SELKOV, E. E., GLENDE, M., GEIER, TH., DRONOVA, V., NÜRBNERG, G., stud. biophys. 60, 205–222 (1976).
[23] GARFINKEL, D., Biochem. Biophys. Res. Commun. 42, 621–626 (1971).
[24] GARFINKEL, D., Acta biol. med. germ. 31, 339–348 (1973).
[25] GARFINKEL, D., Trends in Biochem. Sci. 6, 69–71 (1981).
[26] HEINRICH, R., RAPOPORT, S. M., RAPOPORT, T. A., Proc. Biophys. Molec. Biol. 32, 1–82 (1977).
[27] BLUMENTHAL, R., CHANGEUX, J. P., LEFEVER, R., J. Membr. Biol. 2, 351–374 (1970).
[28] NAPARSTEK, A., ROMETTE, J. L., KERNEVEZ, J. P., THOMAS, D., Nature 249, 490–491 (1974).
[29] BABLOYANTZ, A., NICOLIS, G., J. theor. Biol. 34, 185–192 (1972).
[30] SCHNACKENBERG, J., Thermodynamic Network Analysis of Biochemical Systems, Springer Verlag, Berlin Heidelberg, New York (1977).
[31] GOLDBETER, A., NICOLIS, G., Biophysik 8, 212–218 (1978).
[32] EIGEN, M., Naturwissenschaften 65, 7–41 (1978).

[33] CHERNIAVSKIJ, D. C., GRIGOROV, L. N., POLJAKOVA, M. G., in: „Oszillationen in biologischen und chemischen Systemen", Band 1, S. 138–148 Nauka, Moskau (russ) (1967).
[34] DEGN, H., Nature, **217**, 1047–1050 (1968).
[35] GRINWALD, P. M., HEARSE, P. J., SEGAL, M. B., J. Physiol. **301**, 337–347 (1980).
[36] ATKINSON, D. E., Cellular Energy Metabolism and its Regulation, Academic Press, New York (1977).
[37] KERNEVEZ, J. P., Enzyme Mathematics, Elsevier Sci. Publ., Amsterdam (1980).
[38] TURING, A. M., Phil. Trans. R. Soc. London Ser. **B 237**, 37–52 (1952).
[39] GOLDBETER, A., Proc. Nat. Academ. Sci. (USA) **70**, 3255–3259 (1973).
[40] SCHELLENBERGER, W., ESCHRICH, K., HOFMANN, E., Acta Biol. Med. German. **37**, 1425–1441 (1978).
[41] SCHELLENBERGER, W., ESCHRICH, K., HOFMANN, E., in: 12. FEBS-Meeting Dresden 1978 (Hrsg. E. HOFMANN u. a.) Band **52**, Pergamon Press, Oxford und New York (1979), S. 389–397.
[42] ESCHRICH, K., SCHELLENBERGER, W., HOFMANN, E., Arch. Biochem. Biophys. **205**, 114–121 (1980).
[43] SCHELLENBERGER, W., ESCHRICH, K., HOFMANN, E., in: Advances in Enzyme Regulation (Hrsg. Weber, G.) **19** (1981) Pergamon Press, New York and Oxford.
[44] SCHELLENBERGER, W., ESCHRICH, K., HOFMANN, E., Eur. J. Biochem., im Druck (1981).
[45] HOFMANN, E., Rev. Physiol. Biochem. Pharmacol. **75**, 1–161 (1976).
[46] DIEZEL, W., BÖHME, H.-J., NISSLER, K., FREYER, R., HEILMANN, W., KOPPERSCHLÄGER, G., HOFMANN, E., Eur. J. Biochem. **38**, 479–488 (1973).
[47] WENZEL, K.-W., KURGANOV, B. J., ZIMMERMANN, G., JAKOVLEV, V. A., SCHELLENBERGER, W., HOFMANN, E., Eur. J. Biochem. **61**, 181–190 (1976).
[48] MANSOUR, T. E., AHLFORS, C. E., J. Biol. Chem. **243**, 2165–2172 (1968).
[49] PAVELICH, M. J., HAMMES, G. G., Biochemistry **12**, 1408–1414 (1973).
[50] KOPPERSCHLÄGER, G., BÄR, J., NISSLER, K., HOFMANN, E., Eur. J. Biochem. **81**, 317–325 (1977).
[51] KOPPERSCHLÄGER, G., PLIETZ, P., in: 12. FEBS Meeting Dresden 1978, Band 52 (Hrsg.: E. HOFMANN u. a., Pergamon Press Oxford und New York (1979), S. 359–368.
[52] NISSLER, K., SCHELLENBERGER, W., HOFMANN, E., Acta biol. med. german. **36**, 1027–1033 (1977).
[53] NISSLER, K., KESSLER, R., SCHELLENBERGER, W., HOFMANN, E., Biochem. Biophys. Res. Commun. **79**, 973–978 (1977).
[54] NISSLER, K., KESSLER, R., SCHELLENBERGER, W., HOFMANN, E., Biochem. Biophys. Res. Commun. **91**, 1462–1467 (1979).
[55] REUTER, R., ESCHRICH, K., SCHELLENBERGER, W., HOFMANN, E., Acta biol. med. german. **38**, 1067–1079 (1979).
[56] MONOD, J., WYMAN, J., CHANGEUX, J. P., J. Molec. Biol. **12**, 88–118 (1965).
[57] CORNISH-BOWDEN, A., Principles of Enzyme Kinetics, Butterworths, London (1976).
[58] POPOVA, S. V., SELKOV, E. E., Molek. Biol. (UdSSR) **10**, 1116–1126 (1976).
[59] REICH, J. G., WANGERMANN, G., FALK, M., RHODE, K., Eur. J. Biochem. **26**, 368–379 (1972).
[60] JOHANNES, K. J., HESS, B., J. Mol. Biol. **76**, 181–205 (1973).
[61] VAN BERKEL, J. C. T., KRUIGT, J. K., KOSTER, J. E., FEBS Letters **52**, 312–316 (1975).

[62] Costa, L., Jimenez de Asua, L., Rozengurt, E., Bade, E. G., Carminatti, M., Biochimica Biophysica Acta **289**, 128–136 (1972).

[63] Barman, Th. E., Enzyme Handbook, Band 1, S. 448 u. Band 2, 837, Springer-Verlag Berlin, Heidelberg, New York (1969).

[64] Heineken, F. G., Tschuchiya, H. M., Aris, R., Math. Biosci, **1**, 95–104 (1967).

[65] Reich, J. G., Selkov, E. E., Bio Systems, **7**, 39–50 (1975).

[66] Tikhonov, A. N., Math. Sbornik **27**, 147–156 (1950) u. **31**, 576–586 (1952).

[67] Park, D. J. M., J. theor. Biol., **46**, 31–74 (1974) u. **48**, 125–131 (1974).

[68] Andronov, A. A., Vitt, A. A., Khaikin, S. E., Theorie der Schwingungen, Teil I und II, Akademie-Verlag, Berlin (1965, 1969).

[69] Andronov, A. A., Leontovich, M. A., Gordon, J. J., Maier, A. G., Qualitative Theorie dynamischer Systeme in der Ebene, Nauka, Moskau (russ.) (1966).

[70] Andronov, A. A., Leontovich, M. A., Gordon, J. J., Maier, A. G., Bifurkationstheorie dynamischer Systeme in der Ebene, Nauka, Moskau (russ.) (1967).

[71] Bautin, N. N., Leontovich, E. A., Methoden und Verfahren der qualitativen Untersuchung dynamischer Systeme in der Ebene, Nauka, Moskau (russ.) (1976).

[72] Rosen, R., Dynamic Systems in Biology, Wiley-Interscience, New York (1970).

[73] Haken, H. (Ed.), Synergetics Springer-Verlag, Berlin, Heidelberg, New York (1978).

[74] Jordan, D.W., Smith, P., Nonlinear ordinary Differential Equations, Clarendon Press, Oxford (1977).

[75] Hahn, W., Stability of Motion, Springer-Verlag, Berlin, Heidelberg, New York (1967).

[76] Wasow, W., Asymptotic Expansions of ordinary Differential equations, Wiley-Interscience, New York (1965).

[77] Sattinger, D. H., Bulletin of the American Mathematical Society **3**, 779–819 (1980).

[78] Hopf, E., Ber. Math. Phys. Akadem. Wiss., Leipzig, XCIV, p. 3–22 (1942).

[79] Newsholme, E. A., Start, C., Regulation in Metabolism, Wiley-Interscience, New York (1973).

[80] Gatt, S., Racker, E., J. biol. Chem. **234**, 1015–1023, 1024–1028.

[81] Scopes, R. K., Biochem. J. **142**, 79–86 (1974).

[82] Minakami, S., Yoshikawa, H., J. Biochem. (Tokyo) **59**, 145–150 (1965).

[83] Ataullakhanov, F. I., Vitvitsky, V. M., Zhabotinsky, A. M., Pichugin, A. V., Platonova, O. V., Kholodenko, B. N., Ehrlich, L. I., Biofisika (UdSSR) **23**, 1029–1033 (1978).

[84] Ataullakhanov, F. I., Buravtsev, V. N., Vitvitsky, V. M., Dibrov, B. F., Zhabotinsky, A. M., Pichugin, A. V., Kholodenko, B. N., Ehrlich, L. I., Biochimia (UdSSR) **45**, 1075–1080 (1980).

[85] Ataullakhanov, F. I., Vitvitsky, V. M., Zhabotinsky, A. M., Pichugin, A. V., Platonova, O. V., Kholodenko, B. N., Ehrlich, L. I., Eur. J. Biochem. **115**, 359–365 (1981).

[86] Cannon, W. B., The Wisdom of the Body, London (1932).

[87] Warburg, E., zit. nach W. H. Westphal, Physik, 16. u. 17. Auflage, S. 412, Springer-Verlag Berlin, Göttingen , Heidelberg (1953).

[88] Katchalsky, A., Spangler, R., Quart. Rev. Biophys. **1**, 127–136 (1968).

[89] Tasaki, I., Barry, W., Carnay, L., in: Physical Principles of Biological Membranes (Hrsg. Snell), Gordon-Breach, New York (1970), S. 17–33.

[90] Clark, R., Strickholm, A., Nature **234**, 470–473 (1971).

[91] Lo, C., Christofalo, V. J., Morris, H. P., Weinhouse, S., Cancer Res. **28**, 1–10 (1968).
[92] Brown, H. D., Patel, A. B., Chaltopadhyay, S. K., J. Chromatogr. **35**, 103–105 (1968).
[93] Srere, P. A., Mattiasson, B., Mosbach, K., Proc. Natl. Acad. Sci. USA **70**, 2543–2539 (1973).
[94] Racker, E., A New Look at Mechanisms in Bioenergetics, Academic Press, New York (1976).
[95] Cumme, G. A., Horn, A., Achilles, W., Acta biol. med. germ. **31**, 349–364 (1973).
[96] Horn, A., Clark, I., Bublitz, R., Schulze, M., Witschel, E., Acta Biol. Med. Germ. **35**, 133–139 (1976).
[97] Cumme, G. A., Bublitz, R., Horn, A., Eur. J. Biochem. **115**, 59–65 (1981).
[98] Narparstek, A., Thomas, D., Caplan, S. R., Biochem. Biophys. Acta, **323**, 643–646 (1973).
[99] Le Moullec, J. M., Thomas, D., J. biol. Chem. **252**, 2611–2614 (1977).
[100] Malpiece, Y., Sharan, M., Barbotin, J. N., Personne, P., Thomas, D., J. biol. Chem. **255**, 6883–6890 (1980).
[101] Hervagault, J. F., Friboulet, A., Kernevez, J. P., Thomas, D., Biochimie **62**, 367–373 (1980).
[102] Hervagault, J. F., Duban, M. C., Comptes Rendus, Ser. D. **290** (21), 1357–1360 (1980).
[103] Blangy, D., Buc, M., Monod, J., J. molec. Biol. **31**, 13–35 (1968).
[104] van Schaftingen, E., Hue, L., Hers, H.-G., Biochem. J. **192**, 897–901 (1980).
[105] van Schaftingen, E., Hers, H.-G., Biochem. Biophys. Commun. **96**, 1524–1531 (1981).

Verwendete Abkürzungen und Symbole

Enzyme:	PFK	Phosphofruktokinase, EC 2.7.1.11
	PK	Pyruvatkinase, EC 2.7.1.40
	ADK	Adenylatkinase, EC 2.7.4.3
	GPI	Glukose-6-phosphat-Isomerase, EC 5.3.1.9
Metabolite:	ATP	Adenosintriphosphat
	ADP	Adenosindiphosphat
	AMP	Adenosinmonophosphat
	G6P	Glukose-6-phosphat
	F6P	Fruktose-6-phosphat
	FBP	Fruktose-1, 6-bisphosphat
	PEP	Phosphoenolpyruvat
	PYR	Pyruvat
Symbole:	τ_A	Austauschzeit
	v	Aktuelle Enzymaktivität
	V	Maximalaktivität eines Enzyms
	U	Internationale Einheit der Enzymaktivität (µMol Substratumsatz/min)
	K	Dissoziationskonstanten der Substrate und Effektoren mit Enzymen
	L_0	Allosterische Konstante
	L	Aktuelles Verhältnis von T- zu R-Konformation
	$[X]_{IN}$	Konzentration eines Metaboliten in der Influxlösung
	$[X]$	Konzentration eines Metaboliten im Reaktor bzw. in der Effluxlösung
	$[\overline{X}]$	Stationäre Konzentration eines Metaboliten

ISSN 0138-3956

Kolibri 360 GmbH
Ferdinand-Jühlke-Straße 7
99095 Erfurt, Deutschland
produktsicherheit@kolibri360.de